国家地表水环境质量监测网采测分离采样与现场监测技术理论习题集

中国环境监测总站
持证上岗考核习题集编写组　编

中国环境出版集团・北京

图书在版编目（CIP）数据

国家地表水环境质量监测网采测分离采样与现场监测技术理论习题集/中国环境监测总站持证上岗考核习题集编写组编. —北京：中国环境出版集团，2019.12
ISBN 978-7-5111-4261-0

Ⅰ. ①国… Ⅱ. ①中… Ⅲ. ①地面水—水环境—水质监测—中国—习题集 Ⅳ. ①X832-44

中国版本图书馆 CIP 数据核字（2019）第 295895 号

出 版 人 武德凯
责任编辑 赵惠芬
责任校对 任 丽
封面设计 彭 杉

出版发行 中国环境出版集团
（100062 北京市东城区广渠门内大街 16 号）
网 址：http://www.cesp.com.cn
电子邮箱：bjgl@cesp.com.cn
联系电话：010-67112765（编辑管理部）
发行热线：010-67125803，010-67113405（传真）
印 刷 北京市联华印刷厂
经 销 各地新华书店
版 次 2019 年 12 月第 1 版
印 次 2019 年 12 月第 1 次印刷
开 本 787×1092 1/16
印 张 10.25
字 数 200 千字
定 价 50.00 元

编写委员会

指　导　陈善荣　刘廷良　肖建军

主　编　冯　丹　吕怡兵

副主编　米方卓　吴晓凤

编　委（按姓氏笔画排序）

马金波　邓　力　过　伟　师耀龙　刘　蕊　刘卫红

许秀艳　李文攀　杨　婧　周　谐　张玉惠　陈表娟

陈素兰　胡笑妍　洪正昉　梁云平　谢　争　解　鑫

滕　曼

参加编写人员（按姓氏笔画排序）

王子博　邓雪娇　吕　晶　齐炜红　孙　源　杨　华

张筑元　陈　渝　陈支勇　陈富青　武　超　武贵桃

姜文娟　高裕雯　黄　芳　舒　保

前　言

为贯彻落实国务院《生态环境监测网络建设方案》（国办发〔2015〕56号）和《国家生态环境质量监测事权上收实施方案》（环发〔2015〕176号）的要求，中国环境监测总站自2017年10月开始组织对全国1 854个地表水及入海河流考核断面实施采测分离，即由中国环境监测总站委托第三方机构统一采样，对样品进行加密编码后送至指定分析测站集中分析的运行模式。采测分离模式打破了属地化监测方式，将采样和实验分析两大环节分离，能最大限度地避免地方行政干预，保障了数据的真实、准确。

采样工作是监测数据产生的一个重要环节，规范样品采集是监测数据"五性"的重要保障。为提高地表水采测分离人员的专业理论水平，规范地表水采样工作，进一步提高地表水环境监测数据的代表性、准确性、可比性和权威性，真实、客观地反映地表水环境质量，中国环境监测总站组织全国环境监测系统内具有丰富经验的专家共同编写本书，立足于当前国家地表水环境质量监测网采测分离技术考核需要，对相关监测标准及技术规范中采样计划及方案制订、采样器具准备、常规采样及特殊情况采样、水样运输及保存、采样过程质量保证以及现场五参数测定等应知应会的知识进行了提炼，同时也融合了国家地表水环境质量监测网采测分离工作的特殊要求。本书可作为地表水采样技术人员的基础学习资料和考核复习材料。

本书编写工作由中国环境监测总站组织，感谢来自北京市环境保护监测中心、天津市生态环境监测中心、上海市环境监测中心、重庆市生态环境监测中心、江苏省环境监测中心、浙江省环境监测中心、海南省环境监测中心站、无锡市环境监测中心、沈阳市环境监测中心站等单位专家的大力支持。由于地表水采测分离工作的要求仍在逐步完善过程中，限于编者水平和成稿时间，书中难免有疏漏和不足之处，恳请广大读者批评指正。

编　者

2019 年 6 月于北京

目　录

第一章　采样相关术语、定义及采样方案的制订 1

第二章　采样器具的准备 9

第三章　常规采样及特殊情况的采样 17

第四章　水样运输、保存及安全 65

第五章　采样过程质量保证 73

第六章　pH 90

第七章　溶解氧-覆膜电极法/荧光法 98

第八章　电导率/盐度 113

第九章　透明度-塞氏盘法 122

第十章　五日生化需氧量采样及注意事项 127

第十一章　水温-温度计或颠倒温度计法/温度传感器 131

第十二章　采样注意事项及固定剂加入要求 134

第一章　采样相关术语、定义及采样方案的制订

一、填空题

1. 地表水体中的 pH 是水中____________活度的________对数。③

答案：氢离子　负

2. 地表水体中铜、铅、锌、镉的含量，指的是溶解态含量，即采样后在现场立即用________μm 的微孔滤膜过滤后再进行测定的含量。①

答案：0.45

3. 地表水体中的总氮是指在《水质　总氮的测定　碱性过硫酸钾消解紫外分光光度法》（HJ 636）规定的条件下，能测定的样品中溶解态及悬浮物中氮的总和，包括____________、____________、_____________、___________及大部分有机含氮化合物中的氮。①

答案：亚硝酸盐氮　硝酸盐氮　无机铵盐　溶解态氨

4. 地表水体中的溶解氧是指水中的_____________。③

答案：分子态氧

5. 感潮河流是指受潮汐影响的入海河流，根据潮汐周期可分为半日潮型、全日潮型、混合潮型三类，需采集_____________的水样。①

答案：退平潮位

6. 退平潮是指平潮过后，海面开始下降，__________到一定高度后，水位在短时间内_______________的现象。①

答案：降落　不退也不涨

7. 涨平潮是指从低潮到高潮过程中，海面逐渐________到达一定高度后，水位在短时间内_______________的现象。①

答案：上涨　不涨也不退

8. 采集地表水样品时，设置全程序空白样品的目的在于确认________、保存、________、前处理和________全过程中是否存在污染和干扰。①

答案：采样　运输　分析

9. 国家地表水环境质量监测网一般将监测断面类型分为_________和________点位。①

答案：河流断面　湖库

10. 国家地表水环境质量监测网将河流断面中，部分入海河流断面单独定义为入海控制断面，设置三类监测断面，即_____________、_____________和________________。①

答案：河流断面　湖库点位　入海控制断面

11. 河流断面监测《地表水环境质量标准》（GB 3838）表 1 中，湖库点位增测_________、__________指标，入海控制断面增测___________、___________、___________三项指标。①

答案：叶绿素 a　透明度　硝酸盐氮　亚硝酸盐氮　盐度

12. 采样机构要确保采样船坚固，在面积较大和水较深的水体上采样时，要使用_____和__________。①

答案：救生圈　救生绳

13. 采样机构在对被冰层覆盖的水体进行采样之前，要仔细检查薄冰层的____________和_____________。①

答案：位置　范围

14. 国家地表水环境质量监测网涉及我国长江、黄河、珠江、松花江、淮河、海河、辽河、浙闽片河流、西北诸河和西南诸河十大流域的干流及各级重要支流，涉及面积超过_______km^2（或储水量在 10 亿 m^3 以上）的重要湖泊、库容在________m^3 以上的重要水库和部分重要湖库。①

答案：100　10 亿

15. 国家地表水环境质量监测网监测河流断面的指标为_________________________表 1 中的 20 项指标：高锰酸盐指数、化学需氧量、五日生化需氧量、氨氮、总磷、总氮、铜、锌、氟化物、硒、砷、汞、镉、铬（六价）、铅、氰化物、挥发酚、石油类、阴离子表面活性剂和硫化物。①

答案：《地表水环境质量标准》（GB 3838）

16. 水中硫化物包括溶解性的________、________和________，存在于悬浮物中的可溶性硫化物、酸可溶性金属硫化物以及未电离的有机类和无机类硫化物。④

答案： H_2S　HS^-　S^{2-}

二、判断题

1. 地表水体中砷、硒、汞的含量指的是总量，即未经过滤的样品经消解后所测得的含量。①（　　）

答案： 正确。

2. 地表水体中易释放氰化物是指在 pH=4 的介质中、硝酸锌存在的情况下，加热蒸馏，能形成氰化氢的氰化物，包括全部简单氰化物（多为碱金属和碱土金属的氰化物）和锌氰络合物，也包括铁氰化物、亚铁氰化物、铜氰络合物、镍氰络合物和钴氰络合物。①（　　）

答案： 错误。

正确答案为：地表水体中易释放氰化物是指在 pH=4 的介质中、硝酸锌存在的情况下，加热蒸馏，能形成氰化氢的氰化物，包括全部简单氰化物（多为碱金属和碱土金属的氰化物）和锌氰络合物，不包括铁氰化物、亚铁氰化物、铜氰络合物、镍氰络合物和钴氰络合物。

3. 地表水体中的石油类是指在《水质　石油类的测定　紫外分光光度法（试行）》（HJ 970）规定条件下，能够被正己烷萃取且可在 225 nm 波长处测定吸光度的物质。①（　　）

答案： 正确。

4. 涨平潮是指从低潮到高潮过程中，海面逐渐上涨到一定高度后，水位在短时间内不涨也不退的现象。①（　　）

答案： 正确。

5. 退平潮是指平潮过后，海面上涨到一定高度后，水位在短时间内不退也不涨的现象。①（　　）

答案： 错误。

正确答案为：退平潮是指平潮过后，海面开始下降，降落到一定高度后，水位在短时间内不退也不涨的现象。

6. 地表水体中砷、硒、汞的含量指的是总量，即经 0.45 μm 的微孔滤膜过滤的样品经消解后所测得的含量。①（　　）

答案： 错误。

正确答案为：地表水体中砷、硒、汞的含量指的是总量，即未经过滤的样品经消解后所测得的含量。

7. 地表水体中阴离子表面活性剂是指普通合成洗涤剂的主要活性成分，使用最广泛的阴离子表面活性剂是直链烷基苯磺酸钠（LAS）。①（　　）

答案：正确。

8. 地表水体中铜、铅、锌、镉的含量是指其相应的溶解态含量，即采样后在现场立即用 0.45 μm 的微孔滤膜过滤后，再进行测定的含量。①（　　）

答案：正确。

9. 地表水体中挥发酚的含量是指可随水蒸气蒸馏出并能与 4-氨基安替比林反应生成有色化合物的挥发性酚类化合物，结果以苯酚计。①（　　）

答案：正确。

10. 采测分离过程中，采样机构应安排专人负责对需要进行校准的采样器材和现场测定仪器在采样前完成校准工作。①（　　）

答案：正确。

11. 采测分离过程中，采样机构应综合考虑断面的路况和天气等原因，提前预判可能出现的状况，做好应急预案，确保样品采集的顺利完成。①（　　）

答案：正确。

12. 采测分离过程中，采样机构需根据断面基本情况，采取相应的安全措施，确保采样人员和仪器安全。①（　　）

答案：正确。

13. 采样机构在确定采样人员时，每个断面应至少安排 2 位采样人员，并指定一名采样小组长。对于断面采样垂线数超过 3 条的、断面水深超过 5 m 的情况，需采集中下层水样；断面为冰上作业的情况下，应增加 1～2 名采样员。①（　　）

答案：正确。

14. 设置全程序空白样品的目的在于确认采样过程中是否存在污染和干扰。①（　　）

答案：错误。

正确答案为：设置全程序空白样品的目的在于确认采样、保存、运输、前处理和分析全过程中是否存在污染和干扰。

15. 全程序空白样品是指按照与实际样品一致的分析操作步骤进行测定的实验室用纯水。①（　　）

答案：错误。

正确答案为：全程序空白样品是指用实验用水代替水样，并按照与实际样品一致的程序进行采样、保存、运输、流转和分析的样品。

16. 海水的绝对盐度（SA）是指海水中溶质的质量与海水质量的比值。③（　　）

答案：正确。

17. 透明度是指水样的澄清程度。清洁水是透明的，水中存在悬浮物和胶体时，透明度便降低了。③（　　）

答案：正确。

三、选择题

1. 国家地表水采测分离监测任务要求地表水中石油类测定的分析方法是：________。①（　　）

   A. 紫外分光光度法　　B. 红外分光光度法　　C. 重量法

答案：A

2. 地表水体中总氮指在《水质　总氮的测定　碱性过硫酸钾消解紫外分光光度法》（HJ 636）规定的条件下，能测定的样品中溶解态及悬浮物中氮的总和，包括________、硝酸盐氮、无机铵盐、溶解态氨及大部分有机含氮化合物中的氮。①（　　）

   A. 亚硝酸盐氮　B. 凯氏氮　C. 无机氮

答案：A

3. 感潮河流指受潮汐影响的入海河流，根据潮汐周期可分为半日潮型、全日潮型、混合潮型三类，需采集________的水样。①（　　）

   A. 涨平潮位　　B. 退平潮位　　C. 退高潮位

答案：B

4. ________不是国家地表水环境质量监测网河流断面必测的项目。①（　　）

   A. 氰化物　B. 挥发酚　C. 叶绿素 a

答案：C

5. 国家地表水环境质量监测网入海控制断面测定的 22 项指标，除《地表水环境质量标准》（GB 3838）表 1 中的 20 项指标外，增加了________和________。①（　　）

   A. 硝酸盐氮　亚硝酸盐氮　B. 铁　锰　　C. 细菌总数　大肠菌群

答案：A

6. 地表水体中铜、铅、锌、镉的含量指的是溶解态含量，即采样后在现场立即用______μm

的微孔滤膜过滤后，再进行测定的含量。①（　　）

A. 0.22　　B. 0.50　　C. 0.45

答案：C

7. 按照国家地表水环境质量监测网任务安排，在样品有效期开始计时后，采样机构需在________h 内将样品送达指定分析机构。①（　　）

A. 15　　B. 10　　C. 18

答案：C

8. 用实验用水代替水样，并按照与实际样品一致的程序进行采样、保存、运输、流转和分析的样品，称为________。①（　　）

A. 空白瓶检测　　B. 实验室空白　　C. 全程序空白

答案：C

9. 平潮过后，海面开始下降，降落到一定高度后，水位在短时间内不退也不涨的现象，称之为________。①（　　）

A. 涨潮　　B. 涨平潮　　C. 退平潮

答案：C

四、问答题

1. 简述全程序空白的定义及采样时设置全程序空白的目的。①

答案：全程序空白样品是指用实验用水代替水样，并按照与实际样品一致的程序进行采样、保存、运输、流转和分析的样品。所谓“一致的程序”是指在采样现场灌装、添加固定剂、冷藏运输以及所有的分析步骤等，其目的在于确认采样、保存、运输、前处理和分析全过程中是否存在污染和干扰。

2. 简述执行国家地表水环境质量监测网的采样任务前制订采样方案应包含哪些内容。①

答案：执行国家地表水环境质量监测网的采样任务前制订采样方案应包含：

（1）确认断面基本情况；

（2）确定采样人员；

（3）采样器材、现场测定仪器、保存剂准备工作安排；

（4）采样时间、路线和交通工具的确定；

（5）应急预案；

（6）安全保障等方面。

3. 简述国家地表水环境质量监测网采样任务的工作程序。①

答案：（1）中国环境监测总站根据监测任务制订采样计划，并下达采样机构；

（2）采样机构制订当次的采样方案，并将所负责的每个断面的采样任务分配给相应的采样员，从每个断面的采样员中指定一名采样小组长；

（3）采样小组长组织采样员按照规定做好采样前的准备工作；

（4）采样员到达采样点，确认采样位置，开启执法记录仪，记录断面周边的环境状况，准备开始采样；

（5）采样员完成样品的采集与保存；

（6）采样小组长确认样品采集完成，并进行相关的检查工作；

（7）采样员完成后续相关工作，将样品瓶装入冷藏箱，放置好冰袋、温度记录仪，打包，贴上封条；

（8）样品有效期开始计时，采样机构需在 18 h 内将样品送达指定分析机构；

（9）将样品运输到指定地点，与冷藏运输车司机完成样品交接；

（10）冷藏运输车司机确认收到所有样品并对样品箱进行混合后，在规定时间内，将样品冷藏运输到指定分析机构，完成样品交接；

（11）分析机构接样人员按照要求，接收合格样品后，确认采样完成；

（12）分析机构接样人员按照要求，退回不合格样品，中国环境监测总站确认后，重新下达采样任务，采样流程重新开始。

4. 采样机构制订采样方案前，应对断面的基本情况做怎样的判断了解？①

答案：制订方案前，首先确定需要完成采样的所有断面的基本情况。

（1）依据断面所在位置，确认哪些断面可以在桥上完成采样、哪些断面必须使用船只完成采样、哪些断面需要采集涨潮和退潮水样、哪些断面是冰上作业。

（2）需要使用船只的断面，采样机构提前根据断面实际情况，确定需使用的船只的大小，并准备好船只，可租用或购买。

（3）感潮河流断面，采样机构须提前了解海洋部门公布的潮汐表，查找离断面最近的港口的潮汐时间，再根据采样断面与港口之间的潮时差来推算得到或提前咨询采样断面附近居民了解潮汐时间。根据潮汐时间，确认涨平潮和退平潮的时间，尽量选择高平潮和低平潮均在白天的日期为采样日期，制订采样方案。如遇到台风等异常天气情况，为确保采样人员的安全，必须立即停止采样，等台风结束 2～3 d 后再安排采样，以避免台风带来的大范围暴雨将陆地上的污染物冲刷入河流中，引起部分水质指标异常，特别是总磷、总氮等。

5. 简述地表水监测断面的布设原则。②

答案： 监测断面在总体和宏观上须能反映水系或所在区域的水环境质量状况。各断面的具体位置须能反映所在区域环境的污染特征；尽可能以最少的断面获取足够的、有代表性的环境信息；同时还须考虑实际采样时的可行性和方便性。

6. 简述实验室空白的定义、设置实验室空白的目的，与全程序空白的区别。①

答案： 实验室空白是指按照与实际样品一致的分析操作步骤进行测定的实验室用纯水。设置实验室空白样品的目的在于确认前处理和分析过程中是否存在污染和干扰。与全程序空白的区别在于，全程序空白将采样瓶带到采样现场，并装入纯水，与采样步骤一致，带回实验室，与实验室空白同步监测。

参考文献

[1] 中国环境监测总站. 国家地表水环境质量监测网采测分离　采样技术导则. 2017.

[2] 环境保护部. 水质　采样方案设计技术规定：HJ 495—2009. 北京：中国环境科学出版社，2009.

[3] 中国环境监测总站. 国家地表水环境质量监测网采测分离　现场监测技术导则. 2017.

[4] 生态环境部. 水质　硫化物的测定　亚甲基蓝分光光度法：HJ 824—2017. 北京：中国环境出版集团，2017.

第二章　采样器具的准备

一、填空题

1. 地表水采样器材包括________、采样瓶和其他所需辅助设备。①

答案：采样器

2. 执行国家地表水环境质量监测网地表水采样任务时，所需辅助设备包括计算机、二维码打印机、GPS、手机、________、测距仪、水深计、绳索、________、温度记录仪、救生衣。①

答案：冷藏箱　执法记录仪

3. 地表水表层采样器可使用____________采样器。①

答案：排空式（直立式）

4. 常见的深水采样器有_____________和_____________。①

答案：颠倒式采水器　泵式采水器

5. 颠倒式采水器又称卡盖式采水器、南森采水器，是一种采集___________水样和__________________的器具。①

答案：预定深度　固定颠倒温度表

6. 泵式自动采水器采样管采用________材质，以避免对水质的影响。①

答案：硅胶

7. 地表水采样的重金属抽滤装置由____________________、全玻璃过滤器（溶剂过滤器）、___________三部分构成。①

答案：无油隔膜式真空泵　微孔滤膜

8. 地表水采样的重金属抽滤装置全玻璃过滤器包括_______________、集液瓶（1 L 或 2 L）、___________、固定夹、软管等。①

答案：过滤杯（300 ml 或 500 ml）　砂芯过滤头

9. 地表水采样的过滤筛网适用于采集自然沉降________后，仍然存在大量沉降性固体或藻类的湖库河流水体水样时使用。①

答案：30 min

10. 离心机适用于自然沉降 30 min 后，仍然存在大量沉降性固体的______________或__________的断面水体水样采集时使用。①

答案：多泥沙河流　感潮河段

11. 破冰工具及冰雪清理工具用于北方__________断面水样采集。①

答案：冬季冰冻

12. 常见的破冰工具包括________、电动或手摇_________和_________等。①

答案：冰钎　钻冰机　锤

13. 水深计可使用___________和___________测量水深。①

答案：铅垂　便携式水深计

14. 测距可使用________、钢卷尺或______________，确保能够满足现场测量河面宽度需求，精度达到________m。①

答案：皮尺　激光测距仪　1

15. 样品运输过程中，温度记录仪要求便携小巧，温度范围涵盖_________℃，能够通过 USB 接口连接电脑，自动上传数据和下载数据，文件格式为 excel、word 或 pdf。①

答案：0～5

16. 地表水样品瓶包括______________和___________。①

答案：硬质玻璃瓶　聚乙烯瓶

17. 使用新的容器储存纯水，在使用前需用________盐酸溶液浸泡容器 2～3 d，再用纯水反复冲洗，并注满浸泡________h 以上。①

答案：20%　6

18. 现场检测及实验室检测设备的技术指标和功能应满足要求，________应与被测参数的技术指标范围相适应。②

答案：量程

19. 采样器具材质应符合《国家地表水环境质量监测网采测分离 采样技术导则》要求和相关技术规定，选择_____________的材质，不得引入__________。②

答案：适合检测项目　二次污染

二、判断题

1. 排空式采样器顶端和底端各有同向向上开启的盖子，当采样器沉入水中后，两端的盖子均随之向上开启，使水不停留在采样器中，到达预定深度上提采样器，盖子随之盖住，即取到所需深度的样品。①（ ）

答案：正确。

2. 根据《地表水和污水监测技术规范》（HJ 91）对石油类的采集要求："采样前，不对样品瓶进行冲洗。采样前先破坏可能存在的油膜，在水面至 300 mm 采集柱状水样，采集的水样全部用于测定。"①（ ）

答案：正确。

3. 地表水采样时，破冰工具的材质要求为：冰钎、钻冰机钻头和锤为铸铁或不锈钢，重量大于 10 kg。①（ ）

答案：错误。

正确答案为：地表水采样时，破冰工具的材质要求为：冰钎或钻冰机钻头必须为不锈钢材质，锤为铸铁或不锈钢，重量大于 10 kg。

4. 实验室必须配备纯水机，所有实验室分析用水应使用纯水机出水，不允许使用市售蒸馏水、市售纯水等。①（ ）

答案：正确。

5. 纯水间环境要求：实验室用水应在独立的制水间制备；纯水机房间应无污染、无干扰，不得储存酸、碱、试剂等；不得将纯水机安装在化学分析实验室内。①（ ）

答案：正确。

6. 采样器材包括采样器、采样瓶和其他所需辅助设备，如计算机、二维码打印机、GPS、手机、执法记录仪、测距仪、水深计、绳索、冷藏箱、温度记录仪、救生衣等。①（ ）

答案：正确。

7. 颠倒采水器由一个两端具有活门的镀镍黄铜（或不锈钢、UPVC）圆筒构成，有 1 L、2.5 L、5 L、10 L 等多种容积。①（ ）

答案：正确。

8. 常见的深水采样器有颠倒采水器、泵式采水器和排空式采样器。①（ ）

答案：错误。

正确答案为：常见的深水采样器有颠倒采水器和泵式采水器，排空式采样器属于表层采样器。

9. 泵式自动采水器采用高可靠蠕动泵，混合式步进电机驱动，使用充电电池，满足各类环境条件下的水质采样。采样管采用乳胶材质，避免对水质的影响。①（　　）

答案： 错误。

正确答案为：泵式自动采水器采用高可靠蠕动泵，混合式步进电机驱动，使用充电电池，满足各类环境条件下的水质采样。采样管采用硅胶材质，避免对水质产生影响。

10. 采集地表水石油类样品时，采样器具有“闭-开-闭”功能，由不锈钢采样瓶固定装置、浮球和采样绳构成。采样时，固定在采样装置上的采样瓶呈闭合状潜入水体，当采样器到达选定深度，受浮球浮力和采样器重力的作用，采样瓶打开，采样瓶内充入水样后，收回采样绳，采样瓶呈关闭状态。①（　　）

答案： 正确。

11. 虹吸装置可使用乳胶管+吸耳球自制虹吸装置，也可使用手持式取水泵。①（　　）

答案： 错误。

正确答案为：虹吸装置可使用硅胶管（不能用乳胶管）+吸耳球自制虹吸装置也可使用手持式取水泵。

12. 抽滤装置中微孔滤膜选用 0.45 μm 或者 0.22 μm 均可。①（　　）

答案： 错误。

正确答案为：抽滤装置中微孔滤膜需选用 0.45 μm 的滤膜。

13. 破冰后的冰面清理工具可选择塑料雪铲。①（　　）

答案： 正确。

14. 地表水采样瓶数量按照采样点进行统计（采样点根据断面需采集的垂线数和垂线数上的采样点数统计），同时还需按照全程序空白样和平行样的要求准备相应数量的样品瓶。①（　　）

答案： 正确。

15. 清洗采样瓶用 1+3 硝酸溶液的配制方法：1 体积的硝酸加上 3 体积的盐酸配成的溶液。①（　　）

答案： 错误。

正确答案为：清洗采样瓶用 1+3 硝酸溶液的配制方法：1 体积的硝酸加上 3 体积的水配成的溶液。

16. 已洗净的水质采样容器不能再用布或纸擦干，因为布或纸的纤维会留在瓶壁上。①（　　）

答案：正确。

17. 实验室应保证所用采样仪器设备和设施的安全处置、运输、存储、使用、维护等，防止仪器设备的污染和性能退化。②（　　）

答案：正确

18. 对于使用频率高的现场检测仪器设备应进行期间核查，由实验室确定期间核查的方法和频率。②（　　）

答案：正确

三、选择题

1. 采测分离现场使用的过滤筛网孔径选择________μm。①（　　）

A. 63　　B. 0.45　　C. 58

答案：A

2. 采测分离现场使用的虹吸装置可使用________+吸耳球自制虹吸装置也可使用手持式取水泵。①（　　）

A. 硅胶管　B. 乳胶管　　C. 橡胶管

答案：A

3. 采测分离现场使用的过滤筛网，需选用________材质。①（　　）

A. 不锈钢　　B. 尼龙　　C. 聚氨酯

答案：B

4. 清洗采样瓶用过的铬酸洗液不能随意乱倒，只要洗液未变为________，应倒回原瓶，以备下次使用。若洗液变为________，表明洗液已失去去污力，要倒入废液缸内另行处理，绝不能倒入下水道。①（　　）

A. 橙色，橙色　B. 黄色，黄色　C. 绿色，绿色

答案：C

5. 进行采样瓶空白本底测试时，每种材料不同规格的样品瓶每批应至少抽取______%，经清洗后的样品瓶，按项目进行空白试验。①（　　）

A. 1　B. 5　C. 10

答案：A

6. 纯水储存容器、空气和管路都会对纯水质量带来一定的影响，所以应避免传送、保存、使用中器皿和环境对纯水的污染。必须重视纯水的贮存条件，防止暴露在空气中，溶入________和其他杂质。①（　　）

A. 氧气　　B. 一氧化碳　　C. 二氧化碳

答案：C

7. 纯水储存新容器在使用前需用________溶液（质量分数为 20%）浸泡 2～3 d，再用纯水反复冲洗，并注满浸泡 6 h 以上。①（　　）

A. 硫酸　　B. 盐酸　　C. 硝酸

答案：B

8. 纯水日常检验过程中，二级水要求电导率（25℃）≤________mS/m。①（　　）

A. 0.01　　B. 0.10　　C. 0.50

答案：B

9. 纯水日常检验过程中，二级水要求吸光度（254 nm，1 cm 光程）≤________。①（　　）

A. 0.001　　B. 0.01　　C. 0.1

答案：B

10. 日常检验纯水吸光度的检验方法：选择 1 cm 和 2 cm 的石英比色皿各一个，注入待测纯水，在紫外分光光度计上，于________nm 处，以 1 cm 比色皿中水样为参比，测定 2 cm 吸收池中水样的吸光度。①（　　）

A. 220　　B. 254　　C. 287

答案：B

11. 采测分离过程中使用的固定剂主要包括浓硫酸、浓硝酸、浓盐酸、氢氧化钠、磷酸、________、乙酸锌-乙酸钠溶液、1%碳酸镁悬浊液。①（　　）

A. 硫酸铜　　B. 氢氧化铜　　C. 氯化铜

答案：A

12. 采测分离过程中使用的固定剂，除叶绿素 a 使用的碳酸镁外，需选用________及以上纯度。①（　　）

A. 分析纯　　B. 优级纯　　C. 化学纯

答案：B

13. 采集氰化物样品时，加入的固定剂是________。①（　　）

A. 浓盐酸　　B. 氢氧化钠　　C. 磷酸、硫酸铜

答案：B

14. 采集硫化物样品时，加入的固定剂是________。①（ ）

A. 磷酸、硫酸铜　　B. 乙酸锌-乙酸钠溶液、氢氧化钠

C. 乙酸锌-乙酸钠溶液、浓硝酸

答案：B

15. 采集叶绿素 a 样品时，加入的固定剂是________。①（ ）

A. 磷酸　　B. 碳酸镁　　C. 不加固定剂

答案：B

四、问答题

1. 地表水采样器有哪几种？（请答出至少 3 种答案）①

答案：采样器包括表层采样器、深水采样器、石油类采样器、静置容器、虹吸装置、可溶态重金属抽滤装置、过滤筛、离心设备、绞车、破冰工具及冰雪清理工具等（以上答案中任选 3 种即可）。

2. 简述玻璃采样容器洗净的判断标准和要求。①

答案：玻璃采样容器的内外器壁不应附着油污和不溶物，可以被水完全润湿，器壁上留有一层薄而均匀的水膜，不挂水珠。

3. 采样前，采样瓶清洗后如何进行采样瓶空白本底测试？①

答案：采样瓶空白本底测试是指用纯水（经检验合格纯水）注入样品瓶后作为一个样品，按照实际样品分析程序测定空白试验结果，检验采样瓶是否合格。每种材料、不同规格的样品瓶每批至少抽取 1%（不够 100 个样品瓶，最少抽测 1 个），经清洗后按项目进行空白试验。空白试验结果低于检出限，抽检结果合格。当检测结果高于检出限时，应查找原因，重复清洗本批次采样瓶至合格为止。

4. 简述实验室纯水日常检验要求。①

答案：（1）检验频率：每次采样前准备纯水时，必须检验一次；

（2）检验项目：电导率、吸光度；

（3）检验标准：依据《分析实验室用水规格和试验方法》（GB/T 6682），检验电导率和吸光度是否达到要求。

5. 简述实验室纯水电导率和吸光度的检验方法。①

答案：（1）电导率检验方法：使用电导率仪检测，电导率仪电极常数为 0.01～0.1 cm^{-1}，

同时需具备温度自动补偿功能。

（2）吸光度检验方法：选择 1 cm 和 2 cm 的石英比色皿各一个，注入待测纯水，在紫外分光光度计上，于 254 nm 处，以 1 cm 比色皿中水样为参比，测定 2 cm 吸收池中水样的吸光度。

6. 简述固定剂本底检测方法。①

答案：固定剂本底检测方法为取两份或两份以上纯水样，加入固定剂，然后不经蒸馏、消解等实验室预处理，直接分析后测定水样浓度。如检测结果小于检出限，则该批次固定剂合格；否则，应查找原因或更换固定剂后重新检验。

7. 简述固定剂使用前的抽检要求。①

答案：抽检要求为抽测必须覆盖该固定剂添加的所有分析项目。以分装的数量计，所有固定剂至少抽测 10%的比例。固定剂本底测试结果应符合要求，抽测记录须定期归档备查。

8. 简述铬酸洗液的配制方法。①

答案：铬酸洗液的配制方法：将 25 g 重铬酸钾固体在加热条件下溶于 50 ml 水中，然后向溶液中加入 450 ml 浓硫酸（注意试剂加入顺序），边加边搅拌，即配成铬酸洗液。配好的洗液应为深褐色。待溶液冷却后，储于具磨口塞的小口瓶中密塞备用。器皿用铬酸洗液洗涤时，因铬酸洗液为强氧化剂，腐蚀性强，易烫伤皮肤，烧坏衣服，应特别小心；铬酸洗液有毒，使用时应注意安全，绝对不能用口吸，只能用吸耳球。

参考文献

[1] 中国环境监测总站. 国家地表水环境质量监测网采测分离 采样技术导则. 2017.

[2] 中国环境监测总站. 国家地表水环境质量监测网采测分离 管理导则. 2017.

第三章 常规采样及特殊情况的采样

第一节 采样点位确认及一般河流断面和湖库点位水样采集和保存剂添加要求

一、填空题

1. 采测分离过程中，到达采样现场后，采样人员打开国家考核断面样品采集保存与交接管理系统__________，进入程序，________断面桩，开始采样工作。在无断面桩的情况下，在手机APP确定的____________开始采样工作。①

答案：手机APP 扫描 GPS点位

2. 采测分离过程中，如果使用船只采样，上采样船前，采样人员要穿好_________，摆放并固定_________、现场监测项目设备、静置容器、样品瓶、样品标签、_________、绞车等，确保采样人员和设备的安全。①

答案：救生衣 采样器 固定剂

3. 采测分离过程中，采样人员使用手机APP的拍照功能记录断面现场环境，至少拍摄______________、___________和___________三张照片，并注明名称。①

答案：断面所在位置 断面上游 断面下游

4. 采测分离过程中，填写采样现场环境记录，记录断面周边环境描述、____________和____________等内容。①

答案：天气状况 断面水质表观

5. 采测分离过程中，断面水质表观填写水体_______、_______、有无漂浮物等信息。①

答案：颜色 气味

6. 采测分离过程中，断面周边环境填写有无________，是否是死水区、________，有无居民区、工业区和农药化肥使用区等信息。①

答案：排污口　回水区

7. 采测分离过程中，采样人员采样前对断面的采样条件进行判断，按照不同的采样条件下的采样技术要求完成采样。对于____________、__________、化冰期的断面不进行样品采集，但需完成采样现场的记录工作。①

答案：断流的断面　冰封初期

8. 采测分离过程中，对于河流断面，需使用_________和________，测量河流的宽度和深度。①

答案：测距仪　测深计

9. 采测分离过程中，一般情况下，采样前先用水样荡洗___________、___________等器具。①

答案：采样器具　静置容器

10. 采测分离过程中，如果现场项目不能实现原位监测，则按照《国家地表水环境质量监测网采测分离　现场监测技术导则》的要求，先完成___________的监测。①

答案：现场项目

11. 采测分离过程中，对于感潮河流，如果中下层水样的盐度________，可不进行中下层样品采集，但需在手机 APP 中记录盐度值。①

答案：大于 2‰

12. 采测分离过程中，采集中下层水样时，需要使用____________、________、手摇或电动绞车（带深度计数器）等采样工具。①

答案：深水采样器　铅锤

13. 采测分离过程中，采样船应当能够安装固定____________，并且安装在能够进行安全操作的位置，绞车安装应当尽量避开____________。①

答案：采样绞车　采样船发动机尾气

14. 采测分离过程中，硫化物水样采集时先加入适量乙酸锌-乙酸钠溶液，再采集水样至瓶颈时加入氢氧化钠溶液至刚有白色沉淀产生，加水样__________，瓶塞下__________。①

答案：充满容器　不留空气

15. 采样公司收到审核通知后，应登录_________，向已批准的采样人员下达当月采样任务，向运输人员下达当月运输任务。下载并___________和___________，按照管理系统给出的规格和数量准备好相应的________和____________，依次贴好标签。③

答案：管理系统　　打印样品标签　冷藏避震箱标签　样品瓶　冷藏避震箱

16. 采样人员收到采样任务推送后，应及时登录管理系统进行__________。完成确认后，通过管理系统下载并打印采样和现场监测所需表格，熟悉每个断面现场___________、___________、__________和_______，制订采样和送样（至冷藏车接驳地点）线路规划。③

答案：任务确认　监测项目　采样量　质控样项目　数量

17. 采样人员从驻地出发前往采样断面（点位）时应首先打开_________________，启动_____________。到达采样现场后，开启现场记录仪对采样全过程进行录像，使用_________________扫描断面桩（浮标桩）上的二维码，确认采样开始时间。③

答案：管理系统 APP　　采样模式　　管理系统 APP

18. 现场采样视频应包含________、________、________、________等监测步骤。④

答案：现场监测全过程　破冰后情况　样品分装　加固定剂

19. 采样期间还应对断面（点位）________及__________、______________________、每个冷藏避震箱中样品摆放情况、冷藏避震箱封条进行拍照记录。③

答案：现场　周边情况　现场监测仪器校准结果

20. 采测分离过程中，若遇重大___________________，或通往采样断面（点位）的必经道路无法通行等情况，采样公司可向_____________申请推迟当月采样。③

答案：自然灾害（如洪涝、地震等）　中国环境监测总站

21. 采测分离过程中，若采样断面（点位）由于________、________、________等不具备采样条件，或遇《国家地表水环境质量监测网采测分离　采样技术导则》规定的不适宜采样的情况，采样公司可向_____________申请推迟当月采样。采样人员应将现场状况拍照并上传管理系统，作为佐证材料。③

答案：断流（干涸）　化冰期　结冰期　中国环境监测总站

22. 采样出发前应查询________，规划________，检查________，检查________、现场记录仪是否能正常运行，确保终端和现场记录仪电量充足。③

答案：天气状况　行车路线　冷藏运输车车况　管理系统 APP

23. 采测分离过程中，样品运抵____________后，运输人员应使用现场记录仪摄下与采样人员进行冷藏避震箱交接和_______过程，按照管理系统给出的___________核对冷藏避震箱数量、________，检查封条是否完整。核对无误后，由运输人员将收到的冷

藏避震箱混合摆放。③

答案：接驳地点　混放　运输工单　编码

24. 采测分离过程中，运输人员在完成初次交接和样品混合后，应在样品有效期内（原则上样品采样完成后的总运输时间不应超过______）送至指定的____________。运输期间，所有冷藏车辆的___________和___________均可通过管理系统实时跟踪查看。③

答案：18 h　分析测站　行驶路径　行驶时间

25. 采测分离过程中，运输人员应在样品送达后______内将样品___________和_______录像、运输过程中冷藏车的___________上传至管理系统，未在规定时间内上传，或上传视频不完整、不清晰的，一律认定当次运输过程不符合要求，由采样公司承担全部责任。③

答案：24 h　初次交接　混样　温控记录

26. 采测分离过程中，样品由采样公司运输人员运抵分析测站后，运输人员应首先打开管理系统 APP，点击进入___________环节，生成到达___________________，由分析测站接样人员扫码确认样品运抵监测站。③

答案：样品交接　分析测站二维码

二、判断题

1. 如果是在桥梁采样，采样人员到达采样现场后，应在采样车前方摆放交通警示设备，注意来往车辆，确保采样人员和设备的安全。①（　　）

答案：错误。

正确答案为：如果是在桥梁采样，采样人员到达采样现场后，应在采样车后方摆放交通警示设备，注意来往车辆，确保采样人员和设备的安全。

2. 如果使用船只采样，上采样船前，采样人员要穿好救生衣，摆放并固定采样器、现场监测项目设备、静置容器、样品瓶、样品标签、固定剂、绞车等，确保采样人员和设备的安全。①（　　）

答案：正确。

3. 采样时使用执法记录仪记录，人员、操作、设备、断面环境可不同时出现在视频中，但一定在视频中涵盖。①（　　）

答案：错误。

正确答案为：采样时使用执法记录仪记录，人员、操作、设备、断面环境必须同时出现在视频中。

4. 地表水监测断面无水或冰层下无水，可判定为断流断面。①（　　）

答案：正确。

5. 对于感潮河流，如果中下层水样的盐度大于 2‰，可不进行中下层样品采集，但需在手机 APP 中记录盐度值。①（　　）

答案：正确。

6. 地表水部分冰封或水面有流冰、浮冰、冰表积水无法进行冰面上安全作业的时期，可判定为冰封初期、化冰期断面。①（　　）

答案：正确。

7. 处于冰封期的断面，上层指采集冰下水深 1 m 处的水样；下层指河底以上 1 m 处；中层指冰下 1/2 水深处；水深小于 1 m 时，在水深 1/2 处采样。①（　　）

答案：错误。

正确答案为：处于冰封期的断面，上层指采集冰下水深 0.5 m 处的水样；下层指河底以上 0.5 m 处；中层指冰下 1/2 水深处；水深小于 0.5 m 时，在水深 1/2 处采样。

8. 采样绳不得固定于采样人员身上，应放于采样人员身侧，避免采样器坠落绊倒采样人员，发生危险。①（　　）

答案：正确。

9. 根据水面宽设置垂线时，垂线的布设点位与是否处于污染带无关。①（　　）

答案：错误。

正确答案为：垂线布设应避开污染带，同时在污染带增加监测垂线。

10. 水深大于 5 m 的断面：使用水深计，测量水深大于 5 m，需要采集中下层水样。①（　　）

答案：正确。

11. 叶绿素 a 样品采集时，应单独采样，使用干燥的样品瓶，使用前应用水样对样品瓶进行荡洗。①（　　）

答案：错误。

正确答案为：叶绿素 a 样品采集时，应单独采样，使用干燥的样品瓶，不能用水样对样品瓶进行荡洗。

12. 采集石油类样品前，先用水样荡洗石油类采样器 2～3 次。采集的水样不进行自然沉降。采样时不可搅动水底部的沉积物。①（　　）

答案：正确。

13. 采集五日生化需氧量样品使用干燥的样品瓶。采样前，应用水样对样品瓶进行荡洗。使用虹吸装置移取水样于 1 L 棕色玻璃瓶中时，水样必须注满（水样溢出采样瓶 1/3 水量），上部不留气泡。①（　　）

答案：错误。

正确答案为：采集五日生化需氧量样品使用干燥的样品瓶。采样前，不得使用水样对样品瓶进行荡洗。使用虹吸装置移取水样于 1 L 棕色玻璃瓶中时，水样必须注满（水样溢出采样瓶 1/3 水量），上部不留气泡。

14. 硫化物水样采集时先加入适量乙酸锌-乙酸钠溶液，再采集水样至瓶颈时加入氢氧化钠溶液至刚有白色沉淀产生，加水样充满容器，瓶塞下不留空气。①（　　）

答案：正确。

三、选择题

1. 河流断面采样垂线的设置中，水面宽 50～100 m，应设置________条垂线。①（　　）

A. 1　B. 2　C. 3

答案：B

2. 对于感潮河流断面，如果中下层水样的盐度________，可不进行中下层样品采集，但需在手机 APP 中记录盐度值。①（　　）

A. 大于 2‰　B. 小于等于 2‰　C. 大于 2%

答案：A

3. 如果 pH、电导率、溶解氧等现场监测项目不能进行原位监测时，需采集样品进行测量，采样前先用水样荡洗________、静置容器、现场监测设备等器材。①（　　）

A. 采样器具　B. 所有采样瓶　C. 采样箱

答案：A

4. 采测分离过程中，进行常规项目采样时，将采样器中每次采集的水样倒入一个较大的静置用容器中，储够需用量后，在静置用容器中沉降 30 min，使用虹吸装置移取水样，吸管进水尖嘴应插至水样表层________mm 以下位置，移取水样荡洗采样瓶及瓶盖 2～3 次，再使用虹吸装置移取水样至采样瓶中。①（　　）

A. 80　B. 30　C. 50

答案：C

5. 采集五日生化需氧量样品时，应使用干燥的样品瓶。采样前，不得使用水样对样品瓶

进行荡洗。使用虹吸装置移取水样于 1 L 棕色玻璃瓶中时，水样________。①（ ）

A. 必须注满 B. 灌至 2/3 C. 灌至留有少许空间

答案：A

6. 采集含铜、铅、锌、镉水样时，水样________沉降。采样器中采集的水样使用虹吸装置移取后，立即用可溶态重金属抽滤装置进行过滤，滤膜使用 0.45 μm 的微孔滤膜。①（ ）

A. 经 30 min 自然 B. 经自然 C. 不进行自然

答案：C

7. 抽滤装置安装时，漏斗管下端的________朝向抽气嘴，但不可靠得太近，以免使滤液从抽气嘴抽走。①（ ）

A. 横面 B. 斜面 C. 正面

答案：B

8. 以下项目中，除________项目外，均可根据水深进行中下层采样。①（ ）

A. 叶绿素 a B. 石油类 C. 五日生化需氧量

答案：B

9. 采集石油类样品前先破坏可能存在的油膜，将其放到水下________深度，边采水边向上提升，在到达水面时剩余适当空间。①（ ）

A. 20 cm B. 30 cm C. 10 cm

答案：B

10. 水深 5～10 m 时，河流断面采样垂线上采样点数设置为________点。①（ ）

A. 1 B. 2 C. 3

答案：B

11. 采集石油类样品后，固定剂加入________，用干净的玻璃棒沾取样品，用 pH 试纸测试 pH≤2。水样 pH 为 7 左右时，推荐加入量为 1.0 ml。①（ ）

A. 浓盐酸 B. 浓硝酸 C. 浓硫酸

答案：A

12. 对处于冰封期的断面，上层指采集冰下水深 0.5 m 处的水样；下层指河底以上 0.5 m 处；中层指冰下________水深处；水深小于 0.5 m 时，在水深________处采样。①（ ）

A. 1/2，1/2 B. 1/3，1/3 C. 2/3，2/3

答案：A

13. 采集叶绿素 a 样品时，加入的固定剂是________。①（　　）

A. 浓盐酸　　B. 1%碳酸镁悬浊液　　C. 磷酸、硫酸铜

答案：B

14. 采集叶绿素 a 样品时，将采样器中采集的水样移取至 500 ml 棕色采样瓶中。如果水样中含沉降性固体（如泥沙等），用铝箔避光________，取上层水样转移至棕色硬质玻璃瓶中。①（　　）

A. 不需沉降　　B. 沉降 30 min　　C. 沉降 10 min

答案：B

15. 采集铜、铅、锌、镉项目样品加入固定剂时，固定剂加入浓硝酸，使硝酸含量达________%。②（　　）

A. 2　　B. 1　　C. 5

答案：B

四、问答题

1. 采样人员到达现场后，采样前对断面基本情况做大致判断，可分为哪几种情况？①

答案：（1）断流断面的判定：地表水监测断面无水或冰层下无水。

（2）冰封期断面的判定：地表水被冰层完全覆盖，并且能够在冰面上安全作业的时期。

（3）冰封初期、化冰期断面的判定：地表水部分冰封或水面有流冰、浮冰、冰表积水无法进行冰面上安全作业的时期。

（4）受藻类影响的湖库点位：采样点位如有藻类大量聚集。

（5）感潮河流断面：受潮汐影响的断面。

（6）水深小于 0.5 m 的断面：使用水深计，测量水深小于 0.5 m 的断面。

（7）水深大于 5 m 的断面：使用水深计，测量水深大于 5 m，需要采集中下层水样。

（以上几种中任选 3 种答案）。

2. 对于河流断面如何测量河宽和水深，如何判断需要采集的垂线数和垂线上的采样点数？①

答案：对于河流断面，需使用测距仪和测深计，测量河流的宽度和深度。根据水面宽确定垂线：水面宽≤50 m，垂线一条（中泓）；水面宽 50～100 m，垂线两条（近左、右岸有明显水流处）；水面宽＞100 m，垂线 3 条（左、中、右）。根据水深确定采

样点数：水深≤5 m，上层 1 点；水深 5～10 m，上、下层 2 点；水深＞10 m，上、中、下层 3 点。

3. 对于湖库点位，如何判断需要采集的采样点数？①

答案： 对于湖库点位，需使用测深计，测量湖库深度。根据水深来确定：水深≤5 m，采集 1 点（水面下 0.5 m 处）；水深 5～10 m，不分层时采集 2 点（水面下 0.5 m，水底上 0.5 m），分层时采集 3 点（水面下 0.5 m，1/2 斜温层，水底上 0.5 m 处）；水深＞10 m，除水面下 0.5 m、水底上 0.5 m 处外，按每一斜温层分层 1/2 处设置采样点。

4. 简述常规项目的采样方法。①

答案：（1）将采样器中每次采集的水样，倒入一个较大的静置用容器中，储够需用量后，在静置用容器中沉降 30 min，使用虹吸装置移取水样，吸管进水尖嘴应插至水样表层 50 mm 以下位置，移取水样荡洗采样瓶及瓶盖 2～3 次，再使用虹吸装置移取水样至采样瓶中。

（2）对应不同的采样项目使用一次性滴管或一次性移液管，添加相应的保存剂。添加完保存剂后，使用干净的玻璃棒或一次性滴管沾取水样，用 pH 试纸或 pH 笔或 pH 计测试 pH 是否在规定范围内。

（3）盖好瓶盖，确保样品瓶密封，贴上标签。

5. 简述采集铜、铅、锌、镉样品的方法。①

答案：（1）采集的水样不进行自然沉降。将采样器中采集的水样使用虹吸装置移取后，立即用可溶态重金属抽滤装置进行过滤，滤膜使用 0.45 μm 的微孔滤膜。

（2）先用过滤后的水样荡洗采样瓶及瓶盖 2～3 次，再将过滤后的水样装于 250 ml 聚乙烯采样瓶中。

（3）固定剂加入浓硝酸，使硝酸含量达 1%。水样 pH 为 7 左右时，推荐浓硝酸加入量为 2.5 ml。

（4）盖好瓶盖，确保样品瓶密封，贴上标签。

6. 简述采集石油类样品的方法。①

答案：（1）采样前先用水样荡洗石油类采样器 2～3 次。采集的水样不进行自然沉降。采样时不可搅动水底部的沉积物。

（2）将干燥的 1 000 ml 样品瓶（专用石油瓶或玻璃瓶）装到石油类采样器支架中，采样前先破坏可能存在的油膜，将其放到水下 30 cm 深度，边采水边向上提升，在到达水面时剩余适当空间。

（3）固定剂加入浓盐酸，用干净的玻璃棒或一次性滴管沾取样品，用 pH 试纸测试 pH≤2。水样 pH 为 7 左右时，推荐浓盐酸加入量为 1.0 ml。

（4）盖好瓶盖，确保样品瓶密封，贴上标签。

7. 简述采集叶绿素 a 样品的方法。①

答案：（1）单独采样，且使用干燥的样品瓶。

（2）不用水样对样品瓶进行荡洗。将采样器中采集的水样，移取至 500 ml 棕色采样瓶中。如果水样中含沉降性固体（如泥沙等），用铝箔避光沉降 30 min，取上层水样转移至棕色硬质玻璃瓶中。

（3）固定剂加入 0.5 ml 的 1%碳酸镁悬浊液。

（4）盖好瓶盖，确保样品瓶密封，贴上标签。

8. 简述颠倒采水器的操作方法。①

答案：颠倒采水器圆筒两端的活门装有两根平行的杠杆，并由连接杆连在一起，使两个活门可以同时开关。通过采水器下端的固定夹和上端的释放器把采水器固定在钢丝绳上，释放器由撞击开关和挡片构成。采水器沉放到规定水层之前，挡片将采水器上端扣在钢丝绳上。当使锤投下时，撞击开关，挡片移开，采水器上端离开钢丝绳，整个采水器以固定夹为中心旋转 180°，两个活门自动关闭。释放器离开钢丝绳时，使锤沿着钢丝绳滑下击在固定架的小杠杆上，使下面的第二个锤滑落在下一个采水器的撞击开关上，下面的采水器也自动颠倒过来。如此反复可以使颠倒采水器工作。

9. 采样装瓶完成后，应做好哪些后续工作？①

答案：（1）首先应清点样品数量，核对项目、采样量和保存剂的添加，确认无误后放入采样冷藏避震箱内封存。

（2）在手机 APP 上核对记录是否填写完整，包括固定剂添加种类、固定剂添加量、样品状态感官描述（是否浑浊、有色）、现场沉降方式等。

（3）清洗整理采样器具及现场监测设备。

（4）采样过程中产生的固体和液体废弃物应分别放置在专门的收集容器中，统一进行回收处理。

10. 简述采集铜、铅、锌、镉样品的过程中，抽滤步骤需注意的事项。①

答案：（1）安装仪器时，漏斗管下端的斜面朝向抽气嘴，但不可靠得太近，以免滤液从抽气嘴抽走。检查过滤头与抽滤瓶之间连接是否紧密，抽气泵连接口是否漏气。

（2）将 0.45 μm 的滤膜放在玻璃砂芯滤器上，将配套装置安装好，先用纯水冲洗滤膜，并检查是否漏液，如果漏液，则需重新安装，确保抽滤系统正常抽滤。

（3）用玻璃棒引流，将固液混合物转移到滤纸上。

（4）打开抽气泵开关，开始抽滤。

（5）抽滤少量水样荡洗抽滤瓶 3 次，再继续抽滤至需求水量为止。抽滤过程中如果速度过慢，可更换滤膜后继续抽滤。抽滤完成后，先抽掉抽滤瓶接管，旋开安全瓶上的旋塞恢复常压，最后关抽气泵。

（6）溶液应从抽滤瓶上口倒出。

11. 简述采样人员在采样前应该做哪些准备工作。③

答案：（1）按照采样任务工单准备相应的样品瓶、冷藏避震箱、采样设备、现场监测仪器、试剂和实验室用水等。

（2）采样人员在采样前一天，应检查现场监测仪器工作状况，在实验室对其进行校准。出发前应了解负责断面（点位）的情况，查询天气状况，规划行车路线，检查采样用车车况，检查管理系统 APP、现场记录仪是否能正常运行，确保终端和现场记录仪电量充足，确认所需采样载具已联络到位，确认所需通行证已办理妥当。

12. 简述现场采样完成后需要做哪些工作。③

答案：（1）采样人员完成样品采集后应立即将样品放入冷藏避震箱保存，所有冷藏避震箱内均应放置或配备连续温度记录仪，确保在样品送达任务监测站前能满足 0～5℃冷藏保存要求。所有冷藏避震箱在装样完毕后，均应贴上印有“国家地表水环境质量监测专用”字样的易碎封条，在样品送达任务监测站前，封条不得被撕开。

（2）采样人员完成样品采集和现场监测后，应在采样现场通过管理系统 APP 填报现场监测数据，上传采样记录照片，完成所有输入和上传后点击 APP 中的“完成采样”按钮，结束该断面（点位）的采样。

（3）采样人员应在采样完成后 24 h 内将断面（点位）的现场照片和采样视频上传管理系统。未在规定时间内上传现场照片和采样视频，或上传的现场照片和采样视频不完整、不清晰的，一律认定为当次采样不符合规范要求，由采样公司承担全部责任。

13. 简述若出现哪些情况，分析测站可拒收样品。③

答案：（1）打开冷藏避震箱时，箱内温度记录仪显示的温度超过 5℃，可申请退回该箱样品涉及断面（点位）的全部水样。

（2）从样品采集完成到样品运抵分析测站的总时长超过 18 h（管理系统会自动对超过 18 h 的样品进行标注提示），可申请退回超期样品涉及断面（点位）的全部水样。

（3）样品瓶破裂或发生漏液，可申请退回破损样品涉及断面（点位）的全部水样。

（4）冷藏避震箱的封条被撕开，可申请退回该箱样品所涉及断面（点位）的全部水样。

冷藏避震箱数量或编码，样品瓶数量、规格或编码与样品交接工单不符，可申请退回不符样品所涉及断面（点位）的全部水样。

参考文献

[1] 中国环境监测总站. 国家地表水环境质量监测网采测分离 采样技术导则. 2017.

[2] 国家环境保护总局《水和废水监测分析方法》编委会. 水和废水监测分析方法. 4 版. 北京：中国环境科学出版社，2002.

[3] 中国环境监测总站. 国家地表水环境质量监测网采测分离 管理导则. 2017.

第二节 受藻类影响的湖库点位水样采集和保存剂添加要求

一、填空题

1. 《国家地表水环境质量监测网采测分离 采样技术导则》中，受藻类影响的湖库点位水样采集时，如果点位避不开藻类，要利用________前进，冲开藻类聚集的间隙，在________快速采样，并对现场拍照，进行记录。①

答案：船只 船前舷

2. 《国家地表水环境质量监测网采测分离 采样技术导则》中，受藻类影响的湖库点位，采集阴离子表面活性剂、硫化物、五日生化需氧量项目水样时，采样器中每次采集的水样全部通过________μm 的过滤筛（网），倒入一个较大的静置用容器中，储够需用量后，在静置用容器中沉降。①

答案：63

3. 《国家地表水环境质量监测网采测分离 采样技术导则》中，受藻类影响的湖库点位采集叶绿素 a 项目水样时，需要________采样，且使用________、________的硬质玻璃样品瓶。①

答案：单独　干燥　棕色

4. 《国家地表水环境质量监测网采测分离 采样技术导则》中，受藻类影响的湖库点位采集砷、硒、汞项目水样时，采样器中每次采集的水样全部通过______μm 的过滤筛（网），倒入一个较大的静置用容器中，储够需用量后，在静置用容器中沉降_____min。①

答案：63　30

5. 《国家地表水环境质量监测网采测分离 采样技术导则》中，受藻类影响的湖库点位采集高锰酸盐指数、化学需氧量、氨氮、总氮、总磷项目水样时，通过过滤网静置后，使用虹吸装置移取水样，吸管进水尖嘴应插至水样表层________mm 以下位置。①

答案：50

6. 《国家地表水环境质量监测网采测分离 采样技术导则》中，受藻类影响的湖库点位采集五日生化需氧量项目样品时，采样前不得使用水样对样品瓶进行________。①

答案：荡洗

7. 《国家地表水环境质量监测网采测分离 采样技术导则》中，受藻类影响的湖库点位采集五日生化需氧量项目样品时，使用__________移取水样于 1 L 棕色玻璃瓶中时，水样必须________（水样溢出采样瓶________水量），上部不留________。①

答案：虹吸装置　注满　1/3　气泡

8. 《国家地表水环境质量监测网采测分离 采样技术导则》中，受藻类影响的湖库点位采集硫化物项目样品时，先加入适量____________溶液，再采集水样至瓶颈时加入___________溶液至刚有________产生，加水样充满容器，瓶塞下不留空气。①

答案：乙酸锌-乙酸钠　氢氧化钠　白色沉淀

9. 《国家地表水环境质量监测网采测分离 采样技术导则》中，受藻类影响的湖库点位采集高锰酸盐指数、化学需氧量、氨氮、总氮项目水样时，对应不同的采样项目使用______________或______________，添加相应的保存剂。①

答案：一次性滴管　一次性移液管

10. 《国家地表水环境质量监测网采测分离 采样技术导则》中，受藻类影响的湖库点位采集铜、铅、锌、镉项目水样时，将采样器中采集的水样使用___________移取后，立即用可溶态重金属__________进行过滤，滤膜使用______μm 的微孔滤膜。①

答案：虹吸装置　抽滤装置　0.45

11.《国家地表水环境质量监测网采测分离 采样技术导则》中，受藻类影响的湖库点位采集石油类项目水样时，采样前先破坏可能存在的______，将其放到水下______cm 深度，边采水边向上提升，在到达水面时____________________。①

答案：油膜　30　剩余适当空间

12.《国家地表水环境质量监测网采测分离 采样技术导则》中，受藻类影响的湖库点位采集叶绿素 a 项目水样时，固定剂加入______ml 的______%碳酸镁悬浊液。①

答案：0.5　1

13.《国家地表水环境质量监测网采测分离 采样技术导则》中，受藻类影响的湖库点位采集铜、铅、锌、镉项目水样时，抽滤完成后，溶液应从抽滤瓶______倒出。①

答案：上口

14.《国家地表水环境质量监测网采测分离 采样技术导则》中，受藻类影响的湖库点位采集铜、铅、锌、镉项目水样时，先用过滤后的水样荡洗采样瓶及瓶盖 2～3 次，再将过滤后的水样装于 250 ml__________采样瓶中。①

答案：聚乙烯

二、判断题

1. 《国家地表水环境质量监测网采测分离 采样技术导则》中，受藻类影响的湖库点位水样采集时，采样点位如有藻类大量聚集，不必避开藻类对水质分析有影响的点位处采集水样。①（　　）

答案：错误。

正确答案为：《国家地表水环境质量监测网采测分离 采样技术导则》中，采样点位如有藻类大量聚集，应尽可能避开藻类对水质分析有影响的点位处采集水样。

2. 《国家地表水环境质量监测网采测分离 采样技术导则》中，受藻类影响的湖库点位采集铜、铅、锌、镉项目水样时，不进行自然沉降。①（　　）

答案：正确。

3. 《国家地表水环境质量监测网采测分离 采样技术导则》中，受藻类影响的湖库点位采集铜、铅、锌、镉项目水样时，在船上不具备过滤条件的，可在返回岸上后立即进行过滤。①（　　）

答案：正确。

4.《国家地表水环境质量监测网采测分离 采样技术导则》中，受藻类影响的湖库点位采集石油类项目水样时不进行自然沉降。①（　　）

答案：正确。

5.《国家地表水环境质量监测网采测分离 采样技术导则》中，受藻类影响的湖库点位采集叶绿素 a 项目水样时，固定剂加入 1 ml 的 0.5%碳酸镁悬浊液。①（　　）

答案：错误。

正确答案为：《国家地表水环境质量监测网采测分离 采样技术导则》中，受藻类影响的湖库点位采集叶绿素 a 项目水样时，固定剂加入 0.5 ml 的 1%碳酸镁悬浊液。

6.《国家地表水环境质量监测网采测分离 采样技术导则》中，受藻类影响的湖库点位采集总磷项目水样时，采样体积为 250 ml。①（　　）

答案：错误。

正确答案为：《国家地表水环境质量监测网采测分离 采样技术导则》中，受藻类影响的湖库点位采集总磷项目水样时，采样体积为 500 ml。

7.《国家地表水环境质量监测网采测分离 采样技术导则》中，受藻类影响的湖库点位采集五日生化需氧量项目水样时，采样体积为 500 ml。①（　　）

答案：错误。

正确答案为：《国家地表水环境质量监测网采测分离 采样技术导则》中，受藻类影响的湖库点位采集五日生化需氧量项目水样时，采样体积为 1 000 ml。

8.《国家地表水环境质量监测网采测分离 采样技术导则》中，受藻类影响的湖库点位采集挥发酚项目水样时，采样体积为 250 ml。①（　　）

答案：错误。

正确答案为：《国家地表水环境质量监测网采测分离 采样技术导则》中，受藻类影响的湖库点位采集挥发酚项目水样时，采样体积为 500 ml。

9.《国家地表水环境质量监测网采测分离 采样技术导则》中，受藻类影响的湖库点位采集五日生化需氧量项目水样前，不得使用水样对样品瓶进行荡洗。①（　　）

答案：正确

10.《国家地表水环境质量监测网采测分离 采样技术导则》中，受藻类影响的湖库点位采集氰化物项目水样前，不用水样对样品瓶及瓶盖进行荡洗。①（　　）

答案：错误。

正确答案为：《国家地表水环境质量监测网采测分离 采样技术导则》中，受藻类影响的湖库点位采集氰化物项目水样前，移取水样荡洗采样瓶及瓶盖 2～3 次。

11. 《国家地表水环境质量监测网采测分离 采样技术导则》中，受藻类影响的湖库点位采集叶绿素 a 项目水样前，需使用水样对样品瓶进行荡洗 2～3 次。①（　　）

答案：错误。

正确答案为：《国家地表水环境质量监测网采测分离 采样技术导则》中，受藻类影响的湖库点位采集叶绿素 a 项目水样前，不用水样对样品瓶进行荡洗。

12. 《国家地表水环境质量监测网采测分离 采样技术导则》中，受藻类影响的湖库点位采集铜、铅、锌、镉项目水样时，先用过滤后的水样荡洗采样瓶及瓶盖 2～3 次，再将过滤后的水样装于 250 ml 玻璃采样瓶中。①（　　）

答案：错误。

正确答案为：《国家地表水环境质量监测网采测分离 采样技术导则》中，受藻类影响的湖库点位采集铜、铅、锌、镉项目水样时，先用过滤后的水样荡洗采样瓶及瓶盖 2～3 次，再将过滤后的水样装于 250 ml 聚乙烯采样瓶中。

13. 《国家地表水环境质量监测网采测分离 采样技术导则》中，受藻类影响的湖库点位采集石油类项目时，固定剂加入浓盐酸，直接用 pH 试纸在采样瓶中测试 pH≤2。①（　　）

答案：错误。

正确答案为：《国家地表水环境质量监测网采测分离 采样技术导则》中，受藻类影响的湖库点位采集石油类项目时，固定剂加入浓盐酸，用干净的玻璃棒沾取样品，用 pH 试纸测试 pH≤2。

14. 《国家地表水环境质量监测网采测分离 采样技术导则》中，受藻类影响的湖库点位采集石油类项目时，采样前先用水样荡洗石油类采样器 2～3 次。①（　　）

答案：正确。

三、选择题

1. 《国家地表水环境质量监测网采测分离 采样技术导则》中，受藻类影响的湖库点位采集水样时，将采样器中每次采集的高锰酸盐指数、化学需氧量、氨氮、总氮水样，全部通过________μm 的过滤筛（网）。①（　　）

A. 20　　B. 45　　C. 63

答案：C

2. 《国家地表水环境质量监测网采测分离 采样技术导则》中，受藻类影响的湖库点位采集六价铬时，使用虹吸装置移取水样，吸管进水尖嘴应插至水样表层_______mm 以下位置，移取水样荡洗采样瓶及瓶盖 2～3 次，再使用虹吸装置移取水样至采样瓶中。①（　　）

A. 45　　B. 50　　C. 63

答案：B

3. 《国家地表水环境质量监测网采测分离 采样技术导则》中，受藻类影响的湖库点位采集水样时，如果点位避不开藻类，要利用船只前进，冲开藻类聚集的间隙，在_______快速采样，并对现场拍照，进行记录。①（　　）

A. 船前舷　　B. 船后舷　　C. 船侧舷

答案：A

4. 《国家地表水环境质量监测网采测分离 采样技术导则》中，受藻类影响的湖库点位采集高锰酸盐指数、化学需氧量、氨氮、总氮项目水样后，加入_______固定剂。①（　　）

A. 浓硫酸　　B. 浓磷酸　　C. 稀硫酸

答案：A

5. 《国家地表水环境质量监测网采测分离 采样技术导则》中，受藻类影响的湖库点位采集总磷项目水样后，________固定剂。①（　　）

A. 添加浓硫酸　　B. 添加浓盐酸　　C. 不添加

答案：C

6. 《国家地表水环境质量监测网采测分离 采样技术导则》中，受藻类影响的湖库点位采集砷、硒、汞项目水样后，加入_______固定剂。①（　　）

A. 浓硫酸　　B. 浓盐酸　　C. 浓硝酸

答案：B

7. 《国家地表水环境质量监测网采测分离　采样技术导则》中，受藻类影响的湖库点位采集六价铬项目水样后，加入氢氧化钠固定剂，调节样品 pH≈_______。①（　　）

A. 8　　B. 9　　C. 10

答案：A

8. 《国家地表水环境质量监测网监测任务作业指导书（试行）》规定，监测挥发酚的样

品要求 0～5℃保存，用_______调 pH 约为 4。②（　　）

A. 硫酸　　B. 盐酸　　C. 磷酸

答案：C

9. 《国家地表水环境质量监测网采测分离　采样技术导则》中，受藻类影响的湖库点位采集高锰酸盐指数、化学需氧量、氨氮、总氮项目水样后，加入浓硫酸固定剂，调节样品 pH≤_______。①（　　）

A. 1　　B. 2　　C. 4

答案：B

10. 《国家地表水环境质量监测网采测分离　采样技术导则》中，受藻类影响的湖库点位采集铜、铅、锌、镉项目水样后，加入浓硝酸固定剂，使硝酸含量达_______%。①（　　）

A. 0.5　　B. 1　　C. 2

答案：B

11. 《国家地表水环境质量监测网采测分离　采样技术导则》中，受藻类影响的湖库点位采集石油类项目水样后，加入浓盐酸固定剂，调节 pH≤_______。①（　　）

A. 0.5　　B. 1　　C. 2

答案：C

12. 《国家地表水环境质量监测网采测分离　采样技术导则》中，受藻类影响的湖库点位采集石油类项目前先破坏可能存在的油膜，将其放到水下_______cm 深度，边采水边向上提升，在到达水面时剩余适当空间。①（　　）

A. 15　　B. 20　　C. 30

答案：C

13. 《国家地表水环境质量监测网采测分离　采样技术导则》中，受藻类影响的湖库点位采集水样前，不得使用水样对样品瓶进行荡洗的项目为_______。①（　　）

A. 化学需氧量　　B. 五日生化需氧量　　C. 铜

答案：B

14. 《国家地表水环境质量监测网采测分离　采样技术导则》中，受藻类影响的湖库点位采集水样前，需使用水样对样品瓶进行荡洗的项目为_______。①（　　）

A. 石油类　　B. 五日生化需氧量　　C. 铜

答案：C

四、问答题

1. 简述《国家地表水环境质量监测网采测分离 采样技术导则》中，受藻类影响的湖库点位采集高铜、铅、锌、镉项目水样时抽滤装置使用方法。

答案：（1）安装仪器时，漏斗管下端的斜面朝向抽气嘴。但不可靠得太近，以免使滤液从抽气嘴抽走。检查过滤头与抽滤瓶之间连接是否紧密，抽气泵连接口是否漏气。

（2）将 0.45 μm 的滤膜放在玻璃砂芯滤器上，并将硼硅酸盐玻璃圆形刻度漏斗配套安装好，夹好弹簧夹。先用纯水冲洗滤膜，并检查是否漏液，如果漏液，须重新安装，确保抽滤系统正常抽滤。

（3）用玻璃样引流，将固液混合物转移到滤纸上。

（4）打开抽气泵开关，开始抽滤。

（5）抽滤少量水样荡洗抽滤瓶 3 次，再继续抽滤至需求水量为止。抽滤过程中，如果抽滤速度过慢，更换滤膜后继续抽滤。抽滤完成后，先抽掉抽滤瓶接管，旋开安全瓶上的旋塞恢复常压，最后关抽气泵。

（6）溶液应从抽滤瓶上口倒出。

2. 简述《国家地表水环境质量监测网采测分离 采样技术导则》中，受藻类影响的湖库点位采集叶绿素 a 项目时，如果水样中含沉降性固体（如泥沙等）水样如何处理？

答案：如果水样中含沉降性固体（如泥沙等），用铝箔避光沉降 30 min，取上层水样转移至棕色硬质玻璃瓶。

3. 下图为某河流监测断面示意图，河宽 120 m，断面深 0～12 m，根据《国家地表水环境质量监测网监测任务作业指导书（试行）》要求，请回答：

（1）此河流断面应布设几条监测垂线及垂线位置？

（2）布设垂线需要注意的问题是什么？

（3）每条垂线设几个采样点？采样点的位置是什么？

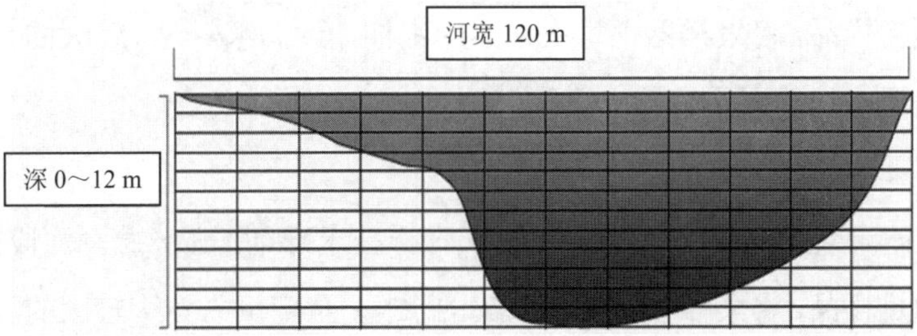

答案：（1）此河流断面应布设 3 条监测垂线，分别位于断面的左侧、中间、右侧。

（2）布设垂线，左、右两侧要有明显水流。垂线布设应避开污染带，同时在污染带增加监测垂线。

（3）左侧设上层 1 点位于水面下 0.5 m 处；中间设上、中、下三点，分别位于水面下 0.5 m、1/2 水深处以及河底以上 0.5 m；右侧设上、下两点，分别位于水面下 0.5 m 和河底以上 0.5 m 处。

4. 简述《国家地表水环境质量监测网采测分离 采样技术导则》中，受藻类影响的湖库点位采样完成后的工作。

答案：（1）首先应清点样品数量，核对项目、采样量和保存剂的添加，确认无误后放入采样冷藏避震箱内封存。

（2）在手机 APP 上核对记录是否填写完整，包括固定剂添加种类、固定剂添加量、样品状态感官描述（是否浑浊、有色）、现场沉降方式等。

（3）清洗整理采样器具及现场监测设备。

（4）采样过程中产生的固体和液体废弃物应分别放置在专门的收集容器中，统一进行回收处理。

参考文献

[1] 中国环境监测总站. 国家地表水环境质量监测网采测分离 采样技术导则. 2017.

[2] 中国环境监测总站. 国家地表水环境质量监测网监测任务作业指导书（试行）. 2017.

第三节 感潮河段断面水样采集和保存剂添加要求

一、填空题

1. 《国家地表水环境质量监测网采测分离 采样技术导则》中，感潮河段断面采集高锰酸盐指数项目样品，将采样器中每次采集的水样，全部倒入一个较大的静置用容器中，储够需用量后，在静置用容器中沉降_______min。①

答案：30

2. 《国家地表水环境质量监测网采测分离 采样技术导则》中，感潮河段断面采集高锰酸盐指数项目样品，将采样器中每次采集的水样，全部倒入一个较大的静置用容器中，储够需用量后，在静置用容器中沉降，使用虹吸装置移取水样，吸管进水尖嘴应插至水样表层_______mm 以下位置移取水样至采样瓶中。①

答案：50

3. 《国家地表水环境质量监测网采测分离　采样技术导则》中，感潮河段断面水样采集时，潮水处于平潮期的时间约为_______，根据要采集断面的垂线和层数的数量估算采样所需时间，开始采样的时间可比_______的时间适当_______。①

答案：1 h　高平潮和低平潮　　提前

4. 《国家地表水环境质量监测网采测分离　采样技术导则》中，部分特定感潮河流含有大量沉降性固体，采集高锰酸盐指数、化学需氧量、氨氮、总氮项目水样时使用离心方式沉降，离心机参数设置为_______r/min。①

答案：4 000

5. 《国家地表水环境质量监测网采测分离　采样技术导则》中，部分特定感潮河流含有大量沉降性固体，采集高锰酸盐指数、化学需氧量、氨氮、总氮项目水样时使用离心方式沉降，离心时间设置为_______min。①

答案：5

6. 《国家地表水环境质量监测网监测任务作业指导书（试行）》中规定，受潮汐影响的监测断面采集涨平潮位和退平潮位的水样，除表层（水面下 0.5 m 处）样品外，采集__________或底层（水深 5～10 m 时的河底以上 0.5 m 处）样品时，盐度大于____的水样不参与统计。②

答案：分层样品　　2‰

7. 《国家地表水环境质量监测网监测任务作业指导书（试行）》中规定，受潮汐影响的监测断面，若退平潮位的采集水样盐度均大于_______时，应考虑调整断面位置。②

答案：2‰

8. 《国家地表水环境质量监测网监测任务作业指导书（试行）》中规定，受潮汐影响的监测断面，为保证采样安全，一般应根据潮汐的变化，选择_______涨退潮时间完成采样。②

答案：日间

9. 《国家地表水环境质量监测网监测任务作业指导书（试行）》中规定，入海控制断面监测重金属项目有铁、锰、铜、铅、_______和_______。②

答案：锌　镉

10. 《国家地表水环境质量监测网采测分离 采样技术导则》中，感潮河段断面采集总磷样品，部分特定感潮河流含有大量沉降性固体，使用离心方式沉降，将离心瓶中的水样倒入一个较大的容器中，储够需用量后，_______，使用___________移取水样。①

答案：混匀 虹吸装置

11. 《国家地表水环境质量监测网采测分离 采样技术导则》中，部分特定感潮河流含有大量沉降性固体，采集总磷样品使用离心方式沉降，离心时间为_______min。①

答案：5

12. 《国家地表水环境质量监测网采测分离 采样技术导则》中，部分特定感潮河流含有大量沉降性固体，采集镉项目样品时使用______________沉降，通过可溶态重金属______________进行过滤，加快过滤时间。①

答案：离心方式 抽滤装置

13. 《国家地表水环境质量监测网采测分离 采样技术导则》中，感潮河段断面采集石油类项目样品前先用水样荡洗石油类采样器______次。采集的水样不进行___________。采样时不可搅动水底部的__________。①

答案：2～3 自然沉降 沉积物

二、判断题

1. 《国家地表水环境质量监测网采测分离 采样技术导则》中，感潮河段断面水样采集时，对应不同的采样项目可交叉使用一次性滴管或一次性移液管添加相应的保存剂。①（ ）

答案：正确。

2. 《国家地表水环境质量监测网采测分离 采样技术导则》中，感潮河段断面水样采集时，由于涨落潮之间的时间间隔好几个小时，为保证样品的有效性，可以分批运输。①（ ）

答案：正确。

3. 《国家地表水环境质量监测网采测分离 采样技术导则》中，特别注意部分特定感潮河流含有大量沉降性固体，采集高锰酸盐指数、化学需氧量、氨氮、总氮项目水样时使用离心方式沉降，离心机参数设置为 4 000 r/min，离心时间设置为 5 min。①（ ）

答案：正确。

4. 《国家地表水环境质量监测网采测分离 采样技术导则》中，感潮河段断面水样采集五日生化需氧量、六价铬、氟化物、氰化物项目时，使用离心方式沉降，离心机参数设置为 4 000 r/min，离心时间设置为 2 min。①（　　）

答案：错误。

正确答案为：《国家地表水环境质量监测网采测分离　采样技术导则》中，感潮河段断面水样采集五日生化需氧量、六价铬、氟化物、氰化物项目时，将采样器中每次采集的水样，全部倒入一个较大的静置用容器中，储够需用量后，在静置用容器中沉降 30 min，使用虹吸装置移取水样。

5. 《国家地表水环境质量监测网采测分离　采样技术导则》中，感潮河流含有大量沉降性固体，采集铜、铅、锌、镉项目时使用离心方式沉降，可使用离心后的水样，通过可溶态重金属抽滤装置进行过滤。①（　　）

答案：正确。

6. 《国家地表水环境质量监测网监测任务作业指导书（试行）》规定，入海河流断面不能增加采样垂线数。②（　　）

答案：错误。

正确答案为：《国家地表水环境质量监测网监测任务作业指导书（试行）》中规定，入海河流断面应根据实际情况增加采样垂线数。

7. 《国家地表水环境质量监测网采测分离　采样技术导则》中，感潮河段断面采集五日生化需氧量项目水样时，采样体积为 500 ml。①（　　）

答案：错误。

正确答案为：《国家地表水环境质量监测网采测分离　采样技术导则》中，感潮河段断面采集五日生化需氧量项目水样时，采样体积为 1 000 ml。

8. 《国家地表水环境质量监测网采测分离　采样技术导则》中，感潮河段断面采集挥发酚项目水样时，采样体积为 250 ml。①（　　）

答案：错误。

正确答案为：《国家地表水环境质量监测网采测分离　采样技术导则》中，感潮河段断面采集挥发酚项目水样时，采样体积为 500 ml。

9. 《国家地表水环境质量监测网采测分离　采样技术导则》中，感潮河段断面采集总磷项目水样时，采样体积为 250 ml。①（　　）

答案：错误。

正确答案为：《国家地表水环境质量监测网采测分离　采样技术导则》中，感潮河段断面采集总磷项目水样时，采样体积为 500 ml。

10. 《国家地表水环境质量监测网采测分离　采样技术导则》中，感潮河段断面采集高锰酸盐指数项目样品，固定剂加入浓硫酸，使样品 pH≤2。①（　　）

答案：正确。

11. 《国家地表水环境质量监测网采测分离　采样技术导则》中，感潮河段断面采集化学需氧量项目样品，固定剂加入浓盐酸，使样品 pH≤2。①（　　）

答案：错误。

正确答案为：《国家地表水环境质量监测网采测分离　采样技术导则》中，感潮河段断面采集化学需氧量项目样品，固定剂加入浓硫酸，使样品 pH≤2。

12. 《国家地表水环境质量监测网采测分离　采样技术导则》中，感潮河段断面采集氨氮项目样品，固定剂加入浓硝酸，使样品 pH≤2。①（　　）

答案：错误。

正确答案为：《国家地表水环境质量监测网采测分离　采样技术导则》中，感潮河段断面采集氨氮项目样品，固定剂加入浓硫酸，使样品 pH≤2。

13. 《国家地表水环境质量监测网采测分离　采样技术导则》中，部分特定感潮河流含有大量沉降性固体，采集高锰酸盐指数项目样品可采用离心分离的预处理方法。①（　　）

答案：正确。

14. 《国家地表水环境质量监测网采测分离　采样技术导则》中，部分特定感潮河流含有大量沉降性固体，采集氨氮项目样品可采用离心分离的预处理方法。①（　　）

答案：正确。

15. 《国家地表水环境质量监测网采测分离　采样技术导则》中，部分特定感潮河流含有大量沉降性固体，采集总磷项目样品可采用离心分离的预处理方法。①（　　）

答案：正确。

16. 《国家地表水环境质量监测网采测分离　采样技术导则》中，部分特定感潮河流含有大量沉降性固体，采集总氮项目样品可采用离心分离的预处理方法。①（　　）

答案：正确。

三、选择题

1. 《国家地表水环境质量监测网采测分离　采样技术导则》中，部分特定感潮河流含有

大量沉降性固体，需使用离心方式沉降采集水样的项目有_____。①（　　）

A. 五日生化需氧量　　B. 化学需氧量　　C. 氰化物

答案：B

2. 《国家地表水环境质量监测网采测分离　采样技术导则》中，部分特定感潮河流含有大量沉降性固体，不需使用离心方式沉降采集水样的项目有_____。①（　　）

A. 硒　　B. 铅　　C. 硝酸盐氮

答案：C

3. 《国家地表水环境质量监测网监测任务作业指导书（试行）》规定，受潮汐影响的监测断面采集涨平潮位和退平潮位的水样。除表层（水面下 0.5 m 处）样品外，采集分层样品或底层（5～10 m 的水底上 0.5 m）样品时，盐度大于______的水样不参与统计。②（　　）

A. 1‰　　B. 2‰　　C. 3‰

答案：B

4. 《国家地表水环境质量监测网采测分离　采样技术导则》中，部分特定感潮河流含有大量沉降性固体，采集高锰酸盐指数、化学需氧量、氨氮、总氮项目水样时使用离心方式沉降，离心机参数设置为______r/min，离心时间设置为 5 min。①（　　）

A. 2 000　　B. 3 000　　C. 4 000

答案：C

5. 《国家地表水环境质量监测网采测分离　采样技术导则》中，部分特定感潮河流含有大量沉降性固体，需使用离心方式沉降采集水样的项目有______。①（　　）

A. 六价铬　　B. 氟化物　　C. 铜

答案：C

6. 《国家地表水环境质量监测网采测分离　采样技术导则》中，部分特定感潮河流含有大量沉降性固体，需使用离心方式沉降采集水样的项目有______。①（　　）

A. 五日生化需氧量　　B. 氨氮　　C. 挥发酚

答案：B

7. 《国家地表水环境质量监测网采测分离　采样技术导则》中，部分特定感潮河流含有大量沉降性固体，需使用离心方式沉降采集水样的项目有______。①（　　）

A. 总磷　　B. 硫化物　　C. 阴离子表面活性剂

答案：A

8. 《国家地表水环境质量监测网采测分离　采样技术导则》中，部分特定感潮河流含有大量沉降性固体，不需使用离心方式沉降采集水样的项目有______。①（　　）

A. 五日生化需氧量　　B. 化学需氧量　　C. 氨氮

答案：A

9. 《国家地表水环境质量监测网采测分离　采样技术导则》中，部分特定感潮河流含有大量沉降性固体，不需使用离心方式沉降采集水样的项目有______。①（　　）

A. 砷　　B. 锌　　C. 六价铬

答案：C

10. 《国家地表水环境质量监测网采测分离　采样技术导则》中，感潮河段断面采集高锰酸盐指数、化学需氧量、氨氮、总氮项目水样后，加入浓硫酸固定剂，调节 pH≤______。①（　　）

A. 1　　B. 2　　C. 4

答案：B

11. 《国家地表水环境质量监测网采测分离　采样技术导则》中，感潮河段断面采集铜、铅、锌、镉项目水样后，加入浓硝酸固定剂，使硝酸含量达______%。①（　　）

A. 0.5　　B. 1　　C. 2

答案：B

12. 《国家地表水环境质量监测网采测分离　采样技术导则》中，感潮河段断面采集石油类项目水样后，加入浓盐酸固定剂，调节 pH≤______。①（　　）

A. 0.5　　B. 1　　C. 2

答案：C

13. 《国家地表水环境质量监测网采测分离　采样技术导则》中，感潮河段断面采集石油类项目前先破坏可能存在的油膜，将其放到水下______cm 深度，边采水边向上提升，在到达水面时剩余适当空间。①（　　）

A. 15　　B. 20　　C. 30

答案：C

14. 《国家地表水环境质量监测网采测分离　采样技术导则》中，感潮河段断面采集水样前，不得使用水样对样品瓶进行荡洗的项目为______。①（　　）

A. 总氮　　B. 石油类　　C. 亚硝酸盐氮

答案：B

15.《国家地表水环境质量监测网采测分离　采样技术导则》中，感潮河段断面采集水样前，需使用水样对样品瓶进行荡洗的项目为______。①（　　）

A. 石油类　　B. 五日生化需氧量　　C. 硝酸盐氮

答案：C

参考文献

[1]　中国环境监测总站. 国家地表水环境质量监测网采测分离　采样技术导则. 2017.

[2]　中国环境监测总站. 国家地表水环境质量监测网监测任务作业指导书（试行）. 2017.

第四节　冰冻断面水样采集和保存剂添加要求

一、填空题

1.《国家地表水环境质量监测网采测分离　采样技术导则》中，冰冻断面水样采集时，采样人员需穿戴好防寒服和________，前方探冰人员佩戴好________或________。①

答案：救生衣　安全带　安全绳

2.《国家地表水环境质量监测网采测分离　采样技术导则》中规定，冰冻断面水样采集时，用冰钎探路，初步判断冰层厚度、牢固度，注意________和________，安全到达采样点位。①

答案：暗沟　薄冰层

3.《国家地表水环境质量监测网采测分离　采样技术导则》中规定，冰冻断面水样采集时，__________、__________采样人员不可进行冰上作业。①

答案：冰封初期　化冰期

4.《国家地表水环境质量监测网采测分离　采样技术导则》中规定，冰冻断面水样采集时，在确保______条件下，用雪铲清理采样点冰面上层冰雪及覆盖物，清理面积大于______面积，保证冰面干净。①

答案：安全　钻孔

5.《国家地表水环境质量监测网采测分离　采样技术导则》中规定，冰冻断面水样采集时，冰层较厚的断面，若破冰后，__________________，可进行采样，否则更换破冰位置。①

答案：水流上涌明显

6. 《国家地表水环境质量监测网监测任务作业指导书（试行）》中要求，冰封期采样根据需要选用______、______________或手摇冰钻等。②

答案：冰钎　　电动钻冰机

7. 《国家地表水环境质量监测网采测分离　采样技术导则》中规定，冰冻断面水样采集时，无论采用什么方式钻冰孔，都应采取措施避免所采样品受钻冰或铁锤影响而______，从而影响样品______。①

答案：沾污　　代表性

8. 《国家地表水环境质量监测网监测任务作业指导书（试行）》中规定，水体封冻，采集冰下水深______m 处的水样，水深小于______m 时，在水深______处采样。②

答案：0.5　　0.5　　1/2

9. 《国家地表水环境质量监测网监测任务作业指导书（试行）》中规定，冰封期采样，在符合相关标准要求的情况下，尽量选择________容器。②

答案：聚乙烯

10. 《国家地表水环境质量监测网监测任务作业指导书（试行）》中规定，冰封期采样，采样时如果环境温度过低，样品进入容器内即结冰，可不用______荡洗。②

答案：样品

11. 《国家地表水环境质量监测网监测任务作业指导书（试行）》中规定，冰封期采样，建议在采样前将__________提前加入到样品瓶中，防止水样导入容器后冰冻而无法加入__________或无法与__________混匀。②

答案：固定剂　　固定剂　　固定剂

12. 《国家地表水环境质量监测网监测任务作业指导书（试行）》中规定，冰封期采样，由于天气原因__________无法在现场测定时，可采用实验室的方法进行分析。②

答案：溶解氧

13. 《国家地表水环境质量监测网采测分离　采样技术导则》中，冰冻断面水样采集时，用______探路，初步判断冰层厚度、牢固度。①

答案：冰钎

14. 《国家地表水环境质量监测网采测分离　采样技术导则》中，冰冻断面水样采集氨氮、总氮项目水样后，加入__________固定剂。①

答案：浓硫酸

15.《国家地表水环境质量监测网采测分离 采样技术导则》中，冰冻断面水样采集总磷项目水样后，__________固定剂。①

答案：不添加

二、判断题

1. 《国家地表水环境质量监测网采测分离 采样技术导则》中，对于流域广且气温变化剧烈或断面附近有水闸的河流，注意上游化冰期或开闸放水对冰封期断面采样安全所产生的影响。①（ ）

答案：正确。

2. 《国家地表水环境质量监测网采测分离 采样技术导则》中规定，冰冻断面水样采集时，用冰钎探路，初步判断冰层厚度、牢固度，注意暗沟和薄冰层，安全到达采样点位。①（ ）

答案：正确。

3. 《国家地表水环境质量监测网监测任务作业指导书（试行）》中规定，水体封冻，采集冰下水深 0.5 m 处的水样，水深小于 0.5 m 时，在表层处采样。②（ ）

答案：错误。

正确答案为：《国家地表水环境质量监测网监测任务作业指导书（试行）》中规定，水体封冻，采集冰下水深 0.5 m 处的水样，水深小于 0.5 m 时，在水深 1/2 处采样。

4. 《国家地表水环境质量监测网监测任务作业指导书（试行）》中规定，冰封期采样，在符合相关标准要求的情况下，尽量选择玻璃容器。②（ ）

答案：错误。

正确答案为：《国家地表水环境质量监测网监测任务作业指导书（试行）》中规定，冰封期采样，在符合相关标准要求的情况下，尽量选择聚乙烯容器。

5. 《国家地表水环境质量监测网监测任务作业指导书（试行）》中规定，冰封期采样，采样时如果环境温度过低，样品进入容器内即结冰，可不用样品荡洗。②（ ）

答案：正确。

6. 《国家地表水环境质量监测网监测任务作业指导书（试行）》中规定，冰封期采样，建议在采样前将固定剂提前加入到样品瓶中，防止水样导入容器后冰冻而无法加入固定剂或与固定剂混匀。②（ ）

答案：正确。

7. 《国家地表水环境质量监测网监测任务作业指导书（试行）》中规定，冰封期采样，溶解氧必须进行现场监测。②（　　）

答案：错误。

正确答案为：《国家地表水环境质量监测网监测任务作业指导书（试行）》中规定，冰封期采样，由于天气原因溶解氧无法在现场测定时，可采用实验室的方法进行分析。

8. 《国家地表水环境质量监测网采测分离　采样技术导则》中，冰冻断面水样采集时，用冰钎探路，初步判断冰层厚度、牢固度。①（　　）

答案：正确。

9. 《国家地表水环境质量监测网采测分离　采样技术导则》中规定，冰冻断面水样采集氨氮、总氮项目水样后，加入浓盐酸固定剂。①（　　）

答案：错误。

正确答案为：《国家地表水环境质量监测网采测分离　采样技术导则》中规定，冰冻断面水样采集氨氮、总氮项目水样后，加入浓硫酸固定剂。

10. 《国家地表水环境质量监测网采测分离　采样技术导则》中规定，冰冻断面水样采集总磷项目水样后，添加浓硫酸固定剂。①（　　）

答案：错误。

正确答案为：《国家地表水环境质量监测网采测分离　采样技术导则》中，冰冻断面水样采集总磷项目水样后，不添加固定剂。

11. 《国家地表水环境质量监测网采测分离　采样技术导则》中规定，水深小于 0.5 m 断面水样采集铅项目样品，固定剂加入浓硝酸，使硝酸含量远高于 1%。①（　　）

答案：错误。

正确答案为：《国家地表水环境质量监测网采测分离　采样技术导则》中规定，水深小于 0.5 m 断面水样采集铅项目样品，固定剂加入浓硝酸，使硝酸含量达 1%。

12. 《国家地表水环境质量监测网采测分离　采样技术导则》中规定，冰冻断面水样采集，采集前的安全检查，冰封初期、化冰期采样人员同样进行冰上作业。①（　　）

答案：错误。

正确答案为：《国家地表水环境质量监测网采测分离　采样技术导则》中规定，冰冻断面水样采集，采集前的安全检查，冰封初期、化冰期采样人员不可进行冰上作业。

13.《国家地表水环境质量监测网采测分离　采样技术导则》中规定，冰冻断面水样采集时，在确保安全条件下，用雪铲清理采样点冰面上层冰雪及覆盖物，清理面积大于钻孔面积，保证冰面干净。①（　　）

答案：正确。

14.《国家地表水环境质量监测网采测分离　采样技术导则》中规定，冰冻断面水样采集时，破开冰面后，观察水体是否为活水，如没有水涌出，也可进行采样。①（　　）

答案：错误。

正确答案为：《国家地表水环境质量监测网采测分离　采样技术导则》中规定，冰冻断面水样采集时，破开冰面后，观察水体是否为活水，如有水涌出，需进行采样，否则更换钻冰位置。

三、选择题

1.《国家地表水环境质量监测网采测分离　采样技术导则》中，冰冻断面水样采集总氮项目水样后，加入______固定剂。①（　　）

A. 浓硫酸　　B. 浓磷酸　　C. 浓盐酸

答案：A

2.《国家地表水环境质量监测网采测分离　采样技术导则》中，冰冻断面水样采集总磷项目水样后，______固定剂。①（　　）

A. 添加浓硫酸　　B. 添加浓盐酸　　C. 不添加

答案：C

3.《国家地表水环境质量监测网采测分离　采样技术导则》中，冰冻断面水样采集硒项目水样后，加入______固定剂。①（　　）

A. 浓硫酸　　B. 浓盐酸　　C. 浓硝酸

答案：B

4.《国家地表水环境质量监测网采测分离　采样技术导则》中，冰冻断面水样采集六价铬项目水样后，加入______固定剂，调节样品 pH≈8。①（　　）

A. 氢氧化钠　　B. 不添加　　C. 浓盐酸

答案：A

5.《国家地表水环境质量监测网采测分离　采样技术导则》中，冰冻断面水样采集前，不得使用水样对样品瓶进行荡洗的项目为______。①（　　）

A. 化学需氧量　　B. 五日生化需氧量　　C. 铜

答案：B

6. 《国家地表水环境质量监测网监测任务作业指导书（试行）》规定，监测挥发酚的样品要求0～5℃保存，用磷酸调pH约为______。②（　　）

A 2　　B 3　　C4

答案：C

7. 《国家地表水环境质量监测网采测分离　采样技术导则》中，冰冻断面水样采集化学需氧量项目水样后，加入浓硫酸固定剂，调节pH≤______。①（　　）

A. 1　　B. 2　　C. 4

答案：B

8. 《国家地表水环境质量监测网监测任务作业指导书（试行）》中规定，水体封冻，采集冰下水深0.5 m处的水样，水深小于0.5 m时，在水深______处采样。②（　　）

A. 表层　　B. 底层　　C. 1/2

答案：C

9. 《国家地表水环境质量监测网监测任务作业指导书（试行）》规定，在冬季的东北地区读数应在______s内完成，否则水温计表面形成一层薄冰，影响读数的准确性。②（　　）

A. 3　　B. 5　　C. 7

答案：A

10. 《国家地表水环境质量监测网采测分离　采样技术导则》中，冰冻断面水样采集铜、铅、锌、镉项目水样后，加入浓硝酸固定剂，使硝酸含量达______%。①（　　）

A. 0.5　　B. 1　　C. 2

答案：B

11. 《国家地表水环境质量监测网采测分离　采样技术导则》中，冰冻断面水样采集石油类项目水样后，加入浓盐酸固定剂，调节pH≤______。①（　　）

A. 1　　B. 2　　C. 4

答案：B

12. 《国家地表水环境质量监测网采测分离　采样技术导则》中，冰冻断面水样采集前，需使用水样对样品瓶进行荡洗的项目为______。①（　　）

A. 石油类　　B. 五日生化需氧量　　C. 铜

答案：C

四、问答题

1. 《国家地表水环境质量监测网采测分离　采样技术导则》中，冰冻断面水样采集前的安全检查有哪些？①

答案：（1）冰封初期、化冰期采样人员不可进行冰上作业。

（2）采样人员需穿戴好防寒服和救生衣，前方探冰人员佩戴好安全带或安全绳，与后方安全保障人员或建筑物、树木、采样车等连接，保证安全，防止坠冰。

（3）用冰钎探路，初步判断冰层厚度、牢固度，注意暗沟和薄冰层，安全到达采样点位。

（4）对于流域广且气温变化剧烈或断面附近有水闸的河流，注意上游化冰期或开闸放水对冰封期断面采样安全所产生的影响。

参考文献

[1]　中国环境监测总站. 国家地表水环境质量监测网采测分离　采样技术导则. 2017.

[2]　中国环境监测总站. 国家地表水环境质量监测网监测任务作业指导书（试行）. 2017.

第五节　水深小于 0.5 m 断面水样采集和保存剂添加要求

一、填空题

1. 《国家地表水环境质量监测网监测任务作业指导书（试行）》中规定，监测断面断流（水面不连续、仅有__________或__________）可不采样。②

答案：零星水样　　冰层下无水

2. 《国家地表水环境质量监测网监测任务作业指导书（试行）》中规定，保存剂添加过程中，所用器具不可______，避免__________。②

答案：混用　　交叉污染

3. 《国家地表水环境质量监测网监测任务作业指导书（试行）》中规定，适量添加__________，切勿______，以免影响实验室分析。②

答案：保存剂　　过多

4. 《国家地表水环境质量监测网监测任务作业指导书（试行）》中规定，现场监测项目、_________和粪大肠菌群不采集平行样。②

答案：石油类

5. 《国家地表水环境质量监测网采测分离　采样技术导则》中规定，水深小于 0.5 m 断面采集水样过程中产生的固体和____________应分别放置在专门的收集容器中，统一进行___________。①

答案：液体废弃物　　回收处理

6. 《国家地表水环境质量监测网采测分离　采样技术导则》中规定，水深小于 0.5 m 断面不具备涉水采样条件时，也可采用______采样方式采集样品。①

答案：岸边

7. 《国家地表水环境质量监测网采测分离　采样技术导则》中规定，水深小于 0.5 m 断面涉水采样时，尽量避免搅动__________而__________。①

答案：沉积物　　污染水样

8. 《国家地表水环境质量监测网采测分离　采样技术导则》中规定，水深小于 0.5 m 断面采样点位的河水比较浅，断面位置无桥梁，采样船无法到达，在确保______的情况下选择______采样。①

答案：安全　　涉水

9. 《国家地表水环境质量监测网采测分离　采样技术导则》中规定，水深小于 0.5 m 断面涉水采样时，采样者应站在______，向______方向采集水样。①

答案：下游　　上游

10. 《国家地表水环境质量监测网采测分离　采样技术导则》中规定，水深小于 0.5 m 断面不具备涉水采样条件时，用长把水勺在水深的______处采集水样。①

答案：1/2

11. 《国家地表水环境质量监测网采测分离　采样技术导则》中规定，水深小于 0.5 m 断面采集石油类项目时，若水较浅，无法采集______cm 处的______水样时（容易搅动水底部的沉积物），则采样位置在水深的______处用样品瓶直接采集水样。①

答案：30　　柱状　　1/2

12. 《国家地表水环境质量监测网采测分离　采样技术导则》中规定，水深小于 0.5 m 断面采集石油类项目样品涉水采样时，采样人员站在______，用手握住干燥的 1 000 ml 样品瓶______采集样品。①

答案：下游　　直接

13. 《国家地表水环境质量监测网采测分离　采样技术导则》中规定，水深小于 0.5 m 断面岸边采集石油类项目样品样时，采样人员蹲在岸边，确保______的情况下______采集样品。①

答案：安全　　直接

14. 《国家地表水环境质量监测网采测分离　采样技术导则》中规定，水深小于 0.5 m 断面涉水采集石油类项目样品时，瓶口______，进入水体约______cm 处，缓慢将瓶口______，采集水样。①

答案：向下　　30　　向上

15. 《国家地表水环境质量监测网采测分离　采样技术导则》中规定，水深小于 0.5 m 断面涉水采集石油类项目样品时，待水样采集至______位置时，迅速将样品瓶移出水面。采样时不可搅动水底部的沉积物。①

答案：瓶颈

二、判断题

1. 《国家地表水环境质量监测网采测分离　采样技术导则》中规定，水深小于 0.5 m 断面涉水采集石油类项目样品时，采样人员站在下游，用手握住干燥的 1 000 ml 样品瓶直接采集样品。①（　　）

答案：正确。

2. 《国家地表水环境质量监测网采测分离　采样技术导则》中规定，水深小于 0.5 m 断面岸边采集石油类项目样品时，采样人员蹲在岸边，确保安全的情况下直接采集样品。①（　　）

答案：正确。

3. 《国家地表水环境质量监测网采测分离　采样技术导则》中规定，水深小于 0.5 m 断面岸边无法直接采集石油类项目样品，可利用采样器具采集后转入样品瓶中。①（　　）

答案：正确。

4. 《国家地表水环境质量监测网采测分离　采样技术导则》中规定，水深小于 0.5 m 断面涉水采集石油类项目样品时，瓶口向下，进入水体约 30 cm 处，快速将瓶口向上，采集水样。①（　　）

答案：错误。

正确答案为：《国家地表水环境质量监测网采测分离　采样技术导则》中规定，深小于 0.5 m 断面涉水采集石油类项目样品时，瓶口向下，进入水体约 30 cm 处，缓慢将瓶口向上，采集水样。

5. 《国家地表水环境质量监测网采测分离　采样技术导则》中规定，水深小于 0.5 m 断面涉水采集石油类项目样品时，待水样采集至瓶颈位置时，缓慢将样品瓶移出水面。采样时不可搅动水底部的沉积物。①（　　）

答案：错误。

正确答案为：《国家地表水环境质量监测网采测分离　采样技术导则》中规定，水深小于 0.5 m 断面涉水采集石油类项目样品时，待水样采集至瓶颈位置时，迅速将样品瓶移出水面。采样时不可搅动水底部的沉积物。

6. 《国家地表水环境质量监测网采测分离　采样技术导则》中规定，水深小于 0.5 m 断面水样采集时，采样时采样点位的河水比较浅，断面位置无桥梁，采样船无法到达，在确保安全的情况下选择涉水采样。①（　　）

答案：正确。

7. 《国家地表水环境质量监测网采测分离　采样技术导则》中规定，水深小于 0.5 m 断面涉水采集水样时，尽量避免搅动沉积物而污染水样。采样者应站在上游，向下游方向采集水样。①（　　）

答案：错误。

正确答案为：《国家地表水环境质量监测网采测分离　采样技术导则》中规定，水深小于 0.5 m 断面涉水采集水样时，尽量避免搅动沉积物而污染水样。采样者应站在下游，向上游方向采集水样。

8. 《国家地表水环境质量监测网采测分离　采样技术导则》中规定，水深小于 0.5 m 断面不具备涉水采样条件时，也可采用岸边采样方式采集样品，用长把水勺在水深的 1/2 处采集水样。①（　　）

答案：正确。

9. 《国家地表水环境质量监测网采测分离　采样技术导则》中规定，水深小于 0.5 m 断面采集石油类项目样品时，若水较浅，无法采集 30 cm 处的柱状水样时（容易搅动水底部的沉积物），则采样位置在水深的 1/2 处用样品瓶直接采集水样。①（　　）

答案：正确。

10. 《国家地表水环境质量监测网采测分离 采样技术导则》中规定，水深小于 0.5 m 断面采集铜项目样品，固定剂加入浓硝酸，使硝酸含量达 1%。①（ ）

答案：正确。

11. 《国家地表水环境质量监测网采测分离 采样技术导则》中规定，水深小于 0.5 m 断面采集锌项目样品，固定剂加入浓硝酸，使硝酸含量达 2%。①（ ）

答案：错误。

正确答案为：《国家地表水环境质量监测网采测分离 采样技术导则》中规定，水深小于 0.5 m 断面采集锌项目样品，固定剂加入浓硝酸，使硝酸含量达 1%。

12. 《国家地表水环境质量监测网采测分离 采样技术导则》中规定，水深小于 0.5 m 断面采集铅项目样品，固定剂加入浓硝酸，使硝酸含量远高于 1%。①（ ）

答案：错误。

正确答案为：《国家地表水环境质量监测网采测分离 采样技术导则》中规定，水深小于 0.5 m 断面采集铅项目样品，固定剂加入浓硝酸，使硝酸含量达 1%。

13. 《国家地表水环境质量监测网采测分离 采样技术导则》中规定，水深小于 0.5 m 断面采集镉项目样品，固定剂加入浓盐酸，使盐酸含量达 1%。①（ ）

答案：错误。

正确答案为：《国家地表水环境质量监测网采测分离 采样技术导则》中规定，水深小于 0.5 m 断面采集镉项目样品，固定剂加入浓硝酸，使硝酸含量达 1%。

14. 《国家地表水环境质量监测网采测分离 采样技术导则》中规定，水深小于 0.5 m 断面采集高锰酸盐指数项目样品，固定剂加入浓硫酸，使样品 pH≤2。①（ ）

答案：正确。

15. 《国家地表水环境质量监测网采测分离 采样技术导则》中规定，水深小于 0.5 m 断面采集化学需氧量项目样品，固定剂加入浓盐酸，使样品 pH≤2。①（ ）

答案：错误。

正确答案为：《国家地表水环境质量监测网采测分离 采样技术导则》中规定，水深小于 0.5 m 断面采集化学需氧量项目样品，固定剂加入浓硫酸，使样品 pH≤2。

16. 《国家地表水环境质量监测网采测分离 采样技术导则》中规定，水深小于 0.5 m 断面采集氨氮项目样品，固定剂加入浓硝酸，使样品 pH≤2。①（ ）

答案：错误。

正确答案为：《国家地表水环境质量监测网采测分离 采样技术导则》中规定，水深小于 0.5 m 断面采集氨氮项目样品，固定剂加入浓硫酸，使样品 pH≤2。

17. 《国家地表水环境质量监测网采测分离　采样技术导则》中规定，水深小于 0.5 m 断面采集总磷项目样品，固定剂加入浓硫酸，使样品 pH≤2。①（　　）

答案：错误。

正确答案为：《国家地表水环境质量监测网采测分离　采样技术导则》中规定，水深小于 0.5 m 断面采集总磷项目样品，不添加固定剂。

18. 《国家地表水环境质量监测网采测分离　采样技术导则》中规定，水深小于 0.5 m 断面采集氰化物项目样品，固定剂加入氢氧化钠固体，使样品 pH＜12。①（　　）

答案：错误。

正确答案为：《国家地表水环境质量监测网采测分离　采样技术导则》中规定，水深小于 0.5 m 断面采集氰化物项目样品，固定剂加入氢氧化钠固体，使样品 pH＞12。

三、选择题

1. 《国家地表水环境质量监测网采测分离　采样技术导则》中规定，水深小于 0.5 m 断面不具备涉水采样条件时，也可采用岸边采样方式采集样品，用长把水勺在______采集水样。①（　　）

A. 水面　　B. 水深的 1/2 处　　C. 水底

答案：B

2. 《国家地表水环境质量监测网采测分离　采样技术导则》中规定，水深小于 0.5 m 断面涉水采集石油类项目样品时，瓶口______，进入水体约 30 cm 处，缓慢将瓶口向上，采集水样。①（　　）

A. 向上　　B. 向下　　C. 水平

答案：B

3. 《国家地表水环境质量监测网采测分离　采样技术导则》中规定，水深小于 0.5 m 断面涉水采集石油类项目样品时，采样人员站在______，用手握住干燥的 1 000 ml 样品瓶直接采集样品。①（　　）

A. 中游　　B. 上游　　C. 下游

答案：C

4. 《国家地表水环境质量监测网采测分离　采样技术导则》中规定，水深小于 0.5 m 断

面采集氨氮、总氮项目水样后，加入______固定剂。①（ ）

A. 浓硫酸 B. 浓磷酸 C. 稀硫酸

答案：A

5. 《国家地表水环境质量监测网采测分离 采样技术导则》中规定，水深小于 0.5 m 断面采集总磷项目水样后，______固定剂。①（ ）

A. 添加浓硫酸 B. 添加浓盐酸 C. 不添加

答案：C

6. 《国家地表水环境质量监测网采测分离 采样技术导则》中规定，水深小于 0.5 m 断面采集砷、硒、汞项目水样后，加入______固定剂。①（ ）

A. 浓硫酸 B. 浓盐酸 C. 浓硝酸

答案：B

7. 《国家地表水环境质量监测网采测分离 采样技术导则》中规定，水深小于 0.5 m 断面采集六价铬项目水样后，加入氢氧化钠固定剂，调节样品 pH≈______。①（ ）

A. 8 B. 9 C. 10

答案：A

8. 《国家地表水环境质量监测网监测任务作业指导书（试行）》中规定，监测挥发酚的样品要求 0～5℃保存，用______调 pH 约为 4。②（ ）

A. 硫酸 B. 盐酸 C. 磷酸

答案：C

9. 《国家地表水环境质量监测网采测分离 采样技术导则》中规定，水深小于 0.5 m 断面采集高锰酸盐指数、化学需氧量项目水样后，加入浓硫酸固定剂，调节 pH≤______。①（ ）

A. 1 B. 2 C. 4

答案：B

10. 《国家地表水环境质量监测网采测分离 采样技术导则》中规定，水深小于 0.5 m 断面采集锌、镉项目水样后，加入浓硝酸固定剂，使硝酸含量达______%。①（ ）

A. 0.5 B. 1 C. 2

答案：B

11. 《国家地表水环境质量监测网采测分离 采样技术导则》中规定，水深小于 0.5 m 断面采集石油类项目水样后，加入浓盐酸固定剂，调节 pH≤______。①（ ）

A. 0.5　　B. 1　　C. 2

答案：C

12. 《国家地表水环境质量监测网采测分离　采样技术导则》中规定，水深小于 0.5 m 断面采集石油类项目前先破坏可能存在的油膜，将其放到水下______cm 深度，边采水边向上提升，在到达水面时剩余适当空间。①（　　）

A. 15　　B. 20　　C. 30

答案：C

13. 《国家地表水环境质量监测网采测分离　采样技术导则》中规定，水深小于 0.5 m 断面采集水样前，不得使用水样对样品瓶进行荡洗的项目为______。①（　　）

A. 化学需氧量　　B. 五日生化需氧量　　C. 铜

答案：B

14. 《国家地表水环境质量监测网采测分离　采样技术导则》中规定，水深小于 0.5 m 断面采集水样前，需使用水样对样品瓶进行荡洗的项目为______。①（　　）

A. 石油类　　B. 五日生化需氧量　　C. 铜

答案：C

四、问答题

1. 简述《国家地表水环境质量监测网采测分离　采样技术导则》中，水深小于 0.5 m 断面采集硫化物项目水样时，在什么深度采集样品及固定剂加入步骤。①

答案：在水深 1/2 处采集样品，静置 30 min。先加入适量乙酸锌-乙酸钠溶液，再采集水样至瓶颈时加入氢氧化钠溶液至刚有白色沉淀产生。

2. 《国家地表水环境质量监测网监测任务作业指导书（试行）》中规定使用 GPS 或固定标志物保证监测断面位置的准确和固定，除特殊情况外，不允许只采集岸边样品，简述可以采集岸边样品的情况。②

答案：（1）断面所处桥梁被淹没且附近没有船只可以租用等不能保证采样安全的特殊情况，无法按照规定布设垂线，需拍照并在样品采集记录表中写明情况。

（2）断面所处河段水位较浅，无法行船，附近没有桥梁等特殊情况，无法按照规定布设垂线，需拍照并在样品采集记录表中写明情况。

（3）因其他客观原因，断面无法按照规定布设垂线，需拍照并在样品采集记录表中写明情况。

参考文献

[1] 中国环境监测总站. 国家地表水环境质量监测网采测分离 采样技术导则. 2017.

[2] 中国环境监测总站. 国家地表水环境质量监测网监测任务作业指导书（试行）. 2017.

第六节 多泥沙河流断面水样采集和保存剂添加要求

一、填空题

1. 《国家地表水环境质量监测网采测分离 采样技术导则》中规定，固定剂添加用具可使用＿＿＿＿＿＿或＿＿＿＿＿＿。若使用＿＿＿＿＿的添加用具，须与固定剂固定配套，以免混淆，污染固定剂和水样。保存剂切勿添加＿＿＿。①

答案：一次性滴管 一次性刻度吸管 非一次性 过量

2. 《国家地表水环境质量监测网采测分离 采样技术导则》中规定，多泥沙断面含沙量比较大，水样自然沉降＿＿＿min 后，仍含有大量＿＿＿＿固体。现场可采用＿＿＿的预处理方法。①

答案：30 沉降性 离心分离

3. 《国家地表水环境质量监测网监测任务作业指导书（试行）》的制定，是为了贯彻落实《中华人民共和国环境保护法》《生态环境监测网络建设方案》和《国家生态环境质量监测事权上收实施方案》，规范化开展国家网监测工作，提高国家网监测数据的＿＿＿＿＿。②

答案：可比性

4. 《国家地表水环境质量监测网采测分离 采样技术导则》中规定，多泥沙河流断面水样采集过程中，采集砷项目样品，固定剂加入＿＿＿＿＿。①

答案：浓盐酸

5. 《国家地表水环境质量监测网采测分离 采样技术导则》中规定，多泥沙河流断面水样采集过程中，采集硒项目样品，固定剂加入＿＿＿＿＿。①

答案：浓盐酸

6. 《国家地表水环境质量监测网采测分离 采样技术导则》中规定，多泥沙河流断面水样采集过程中，采集锌项目样品，固定剂加入＿＿＿＿＿，使其含量达＿＿＿%。①

答案：浓硝酸 1

7. 《国家地表水环境质量监测网采测分离　采样技术导则》中规定，多泥沙河流断面水样采集过程中，采集石油类项目样品，固定剂加入________，用干净的玻璃棒沾取样品，用 pH 试纸测试 pH≤______。①

答案：浓盐酸　　2

8. 《国家地表水环境质量监测网采测分离　采样技术导则》中规定，多泥沙河流断面水样采集过程中，采集硫化物项目样品，固定剂依次加入____________________、____________。①

答案：乙酸锌-乙酸钠溶液　氢氧化钠

9. 《国家地表水环境质量监测网采测分离　采样技术导则》中规定，多泥沙河流断面水样采集过程中，采集挥发酚项目样品，固定剂加入________、______。①

答案：浓磷酸　　硫酸铜

10. 《国家地表水环境质量监测网采测分离　采样技术导则》中规定，多泥沙河流断面水样采集过程中，采集六价铬项目样品，固定剂加入______________，调节样品 pH≈_____。①

答案：氢氧化钠　　8

11. 《国家地表水环境质量监测网采测分离　采样技术导则》中规定，多泥沙河流断面水样采集氨氮、总氮、总磷样品，离心参数设置为转速______r/min。①

答案：4 000

12. 《国家地表水环境质量监测网采测分离　采样技术导则》中规定，多泥沙河流断面含沙量比较大，水样自然沉降______min 后，仍含有大量沉降性固体。现场可采用_______的预处理方法。①

答案：30　　离心分离

13. 《国家地表水环境质量监测网采测分离　采样技术导则》中规定，多泥沙河流断面水样采集时，采集高锰酸盐指数、化学需氧量样品，离心时间为______min。①

答案：2

14. 《国家地表水环境质量监测网采测分离　采样技术导则》中规定，多泥沙河流断面水样采集时，采集铜、镉样品，将离心后的水样，使用_____________移取后立即用可溶态重金属抽滤装置进行过滤，滤膜使用______μm 的微孔滤膜。①

答案：虹吸装置　　0.45

15. 《国家地表水环境质量监测网采测分离　采样技术导则》中规定，多泥沙河流断面水样采集时，采集石油类前先用水样荡洗石油类采样器________次。采集的水样不进行________。采样时不可搅动水底部的________。①

答案：2～3　　自然沉降　　沉积物

二、判断题

1. 《国家地表水环境质量监测网采测分离　采样技术导则》中规定，多泥沙河流断面水样采集过程中，采集铜项目样品，固定剂加入浓硝酸，使硝酸含量达 1%。①（　　）

答案：正确。

2. 《国家地表水环境质量监测网采测分离　采样技术导则》中规定，多泥沙河流断面水样采集过程中，采集锌项目样品，固定剂加入浓硝酸，使硝酸含量达 2%。①（　　）

答案：错误。

正确答案为：《国家地表水环境质量监测网采测分离　采样技术导则》中规定，多泥沙河流断面水样采集过程中，采集锌项目样品，固定剂加入浓硝酸，使硝酸含量达 1%。

3. 《国家地表水环境质量监测网采测分离　采样技术导则》中规定，多泥沙河流断面水样采集过程中，采集铅项目样品，固定剂加入浓硝酸，使硝酸含量低于 1%。①（　　）

答案：错误。

正确答案为：《国家地表水环境质量监测网采测分离　采样技术导则》中规定，多泥沙河流断面水样采集过程中，采集铅项目样品，固定剂加入浓硝酸，使硝酸含量达 1%。

4. 《国家地表水环境质量监测网采测分离　采样技术导则》中规定，多泥沙河流断面水样采集过程中，采集镉项目样品，固定剂加入浓盐酸，使盐酸含量达 1%。①（　　）

答案：错误。

正确答案为：《国家地表水环境质量监测网采测分离　采样技术导则》中规定，多泥沙河流断面水样采集过程中，采集镉项目样品，固定剂加入浓硝酸，使硝酸含量达 1%。

5. 《国家地表水环境质量监测网采测分离　采样技术导则》中规定，多泥沙河流断面水样采集过程中，采集高锰酸盐指数项目样品，固定剂加入浓硫酸，使样品 pH≤2。①（　　）

答案：正确。

6. 《国家地表水环境质量监测网采测分离　采样技术导则》中规定，多泥沙河流断面水样采集过程中，采集化学需氧量项目样品，固定剂加入浓盐酸，使样品 pH≤2。①（　　）

答案：错误。

正确答案为：《国家地表水环境质量监测网采测分离　采样技术导则》中规定，多泥沙河流断面水样采集过程中，采集化学需氧量项目样品，固定剂加入浓硫酸，使样品 pH≤2。

7. 《国家地表水环境质量监测网采测分离　采样技术导则》中规定，多泥沙河流断面水样采集过程中，采集氨氮项目样品，固定剂加入浓硝酸，使样品 pH≤2。①（　　）

答案：错误。

正确答案为：《国家地表水环境质量监测网采测分离　采样技术导则》中规定，多泥沙河流断面水样采集过程中，采集氨氮项目样品，固定剂加入浓硫酸，使样品 pH≤2。

8. 《国家地表水环境质量监测网采测分离　采样技术导则》中规定，多泥沙河流断面水样采集过程中，采集总磷项目样品，固定剂加入浓硫酸，使样品 pH≤2。①（　　）

答案：错误。

正确答案为：《国家地表水环境质量监测网采测分离　采样技术导则》中规定，多泥沙河流断面水样采集过程中，采集总磷项目样品，不添加固定剂。

9. 《国家地表水环境质量监测网采测分离　采样技术导则》中规定，多泥沙河流断面水样采集过程中，采集氰化物项目样品，固定剂加入氢氧化钠固体，使样品 pH＜12。①（　　）

答案：错误。

正确答案为：《国家地表水环境质量监测网采测分离　采样技术导则》中规定，多泥沙河流断面水样采集过程中，采集氰化物项目样品，固定剂加入氢氧化钠固体，使样品 pH＞12。

10. 《国家地表水环境质量监测网采测分离　采样技术导则》中规定，黄河流域河流多为多泥沙河流，河流含沙量比较大，水样自然沉降 30 min 后，仍含有大量沉降性固体。现场可采用过滤预处理方式。①（　　）

答案：错误。

正确答案为：《国家地表水环境质量监测网采测分离　采样技术导则》中规定，黄河流域河流多为多泥沙河流，河流含沙量比较大，水样自然沉降 30 min 后，仍含有大量沉降性固体。现场可采用离心分离的预处理方式。

11. 《国家地表水环境质量监测网采测分离　采样技术导则》中规定，多泥沙河流断面水样采集时，采集砷、硒、汞样品，离心参数设置为转速 4 000 r/min，离心时间为 5 min。①（　　）

答案：错误。

正确答案为：《国家地表水环境质量监测网采测分离　采样技术导则》中规定，多泥沙河流断面水样采集时，采集砷、硒、汞样品，离心参数设置为转速 4 000 r/min，离心时间为 2 min。

12. 《国家地表水环境质量监测网采测分离　采样技术导则》中规定，多泥沙河流断面水样采集方法铜、铅、锌、镉的采样，将离心后的水样，使用虹吸装置移取后立即用可溶态重金属抽滤装置进行过滤，滤膜使用 0.45 μm 的微孔滤膜。①（　　）

答案：正确。

13. 《国家地表水环境质量监测网采测分离　采样技术导则》中规定，多泥沙河流断面水样采集过程中，水样自然沉降 30 min 后，仍含有大量沉降性固体，采集高锰酸盐指数可采用离心分离的预处理方法。①（　　）

答案：正确。

14. 《国家地表水环境质量监测网采测分离　采样技术导则》中规定，多泥沙河流断面水样采集过程中，水样自然沉降 30 min 后，仍含有大量沉降性固体，采集氨氮可采用离心分离的预处理方法。①（　　）

答案：正确。

15. 《国家地表水环境质量监测网采测分离　采样技术导则》中规定，多泥沙河流断面水样采集过程中，水样自然沉降 30 min 后，仍含有大量沉降性固体，采集总磷可采用离心分离的预处理方法。①（　　）

答案：正确。

16. 《国家地表水环境质量监测网采测分离　采样技术导则》中规定，多泥沙河流断面水样采集过程中，水样自然沉降 30 min 后，仍含有大量沉降性固体，采集总氮可采用离心分离的预处理方法。①（　　）

答案：正确。

三、选择题

1. 《国家地表水环境质量监测网采测分离 采样技术导则》中规定，多泥沙河流断面水样采集过程中，水样自然沉降 30 min 后，仍含有大量沉降性固体，现场可采用离心分离的预处理方法采集______。①（ ）

   A. 高锰酸盐指数 B. 五日生化需氧量 C. 阴离子表面活性剂

答案：A

2. 《国家地表水环境质量监测网采测分离 采样技术导则》中规定，多泥沙河流断面水样采集过程中，水样自然沉降 30 min 后，仍含有大量沉降性固体，现场可采用离心分离的预处理方法采集______。①（ ）

   A. 化学需氧量 B. 石油类 C. 硫化物

答案：A

3. 《国家地表水环境质量监测网采测分离 采样技术导则》中规定，多泥沙河流断面水样采集过程中，水样自然沉降 30 min 后，仍含有大量沉降性固体，现场可采用离心分离的预处理方法采集______。①（ ）

   A. 六价铬 B. 砷 C. 氟化物

答案：B

4. 《国家地表水环境质量监测网采测分离 采样技术导则》中规定，多泥沙河流断面水样采集过程中，水样自然沉降 30 min 后，仍含有大量沉降性固体，现场可采用离心分离的预处理方法采集______。①（ ）

   A. 挥发酚 B. 氰化物 C. 总氮

答案：C

5. 《国家地表水环境质量监测网采测分离 采样技术导则》中规定，多泥沙河流断面水样采集过程中，水样自然沉降 30 min 后，仍含有大量沉降性固体，采集高锰酸盐指数项目样品，离心参数设置为转速 4 000 r/min，离心时间为______min。①（ ）

   A. 2 B. 3 C. 4

答案：A

6. 《国家地表水环境质量监测网采测分离 采样技术导则》中规定，多泥沙河流断面水样采集时，采集铅项目样品，将离心后的水样，使用______移取后立即用可溶态重金属抽滤装置进行过滤，滤膜使用 0.45 μm 的微孔滤膜。①（ ）

A. 过滤装置　　B. 虹吸装置　　C. 沉降装置

答案：B

7. 《国家地表水环境质量监测网采测分离 采样技术导则》中规定，多泥沙河流断面水样采集过程中，现场不采用离心分离的预处理方法采集______。①（ ）

A. 高锰酸盐指数　　B. 五日生化需氧量　　C. 化学需氧量

答案：B

8. 《国家地表水环境质量监测网采测分离 采样技术导则》中规定，多泥沙河流断面水样采集过程中，现场不采用离心分离的预处理方法采集______。①（ ）

A. 氨氮　　B. 总磷　　C. 硫化物

答案：C

9. 《国家地表水环境质量监测网采测分离 采样技术导则》中规定，多泥沙河流断面水样采集过程中，不添加固定剂的项目是______。①（ ）

A. 汞　　B. 总磷　　C. 总氮

答案：B

10. 《国家地表水环境质量监测网采测分离 采样技术导则》中规定，多泥沙河流断面水样采集过程中，添加浓盐酸为固定剂的项目是______。①（ ）

A. 石油类　　B. 总磷　　C. 总氮

答案：A

11. 《国家地表水环境质量监测网采测分离 采样技术导则》中规定，多泥沙河流断面水样采集过程中，添加浓磷酸、硫酸铜为固定剂的项目是______。①（ ）

A. 石油类　　B. 挥发酚　　C. 氨氮

答案：B

12. 《国家地表水环境质量监测网采测分离 采样技术导则》中规定，多泥沙河流断面水样采集过程中，不添加氢氧化钠为固定剂的项目是______。①（ ）

A. 六价铬　　B. 氰化物　　C. 氨氮

答案：C

13. 《国家地表水环境质量监测网采测分离 采样技术导则》中规定，多泥沙河流断面水样采集过程中，添加硫酸为固定剂的项目是______。①（ ）

A. 阴离子表面活性剂　　B. 铜　　C. 氨氮

答案：C

14. 《国家地表水环境质量监测网采测分离　采样技术导则》中规定，多泥沙河流断面水样采集过程中，采集五日生化需氧量项目样品水样必须注满，水样溢出采样瓶_______水量，上部不留气泡。①（　　）

A. 1/3　　B. 1/4　　C. 1/5

答案：A

15. 《国家地表水环境质量监测网采测分离　采样技术导则》中规定，多泥沙河流断面水样采集过程中，采集铜项目样品，使用虹吸装置移取后立即用可溶态重金属抽滤装置进行过滤，滤膜使用______μm 的微孔滤膜。①（　　）

A. 0.45　　B. 63　　C. 0.22

答案：A

四、问答题

1. 《国家地表水环境质量监测网采测分离　采样技术导则》中规定，多泥沙河流断面水样采集过程中，水样自然沉降 30 min 后，仍含有大量沉降性固体，请列出现场可采用离心分离的预处理方法的项目。

答案：高锰酸盐指数、化学需氧量、氨氮、总氮、总磷、砷、硒、汞。

2. 《国家地表水环境质量监测网采测分离　采样技术导则》中规定，多泥沙河流断面水样采集过程中，水样自然沉降 30 min 后，仍含有大量沉降性固体，请简述现场可采用离心分离的预处理方法的操作过程。

答案：将采样器中每次采集的水样，使用离心机，以 4 000 r/min 的转速离心 2 min，将离心瓶中的水样倒入一个较大的容器中，储够需用量后，混匀。

参考文献

[1] 中国环境监测总站. 国家地表水环境质量监测网采测分离　采样技术导则. 2017.

[2] 中国环境监测总站. 国家地表水环境质量监测网监测任务作业指导书（试行）. 2017.

第四章　水样运输、保存及安全

一、填空题

1. 水样采集完成后，应根据各项目标准分析方法的要求，在现场加入________固定。________尽量使用________及以上试剂。①

答案：保存剂　保存剂　优级纯

2. 分析方法中规定尽快分析的________、____________、________、__________等项目，可不加保存剂。但______项目必须冷藏运输。③

答案：总磷　五日生化需氧量　氟化物　阴离子表面活性剂　所有

3. 保存剂添加过程中，所有器具不可_______，避免__________。①

答案：混用　交叉污染

4. 固定剂使用前抽检，以分装的数量计，所有固定剂至少抽测______的比例。①

答案：10%

5. 采测分离样品运输过程中，测定______________、__________、_________、__________、__________、_________、_________、_________等项目水样按照保存条件要求放在冷藏设备中。①

答案：五日生化需氧量　氨氮　挥发酚　阴离子表面活性剂　粪大肠菌群　叶绿素 a　总磷　高锰酸盐指数　石油类　氟化物　硫酸盐　氯化物　硝酸盐氮（任意答出 8 个即可）

6. 采测分离过程中，样品冷藏设备可以是____________，或使用_____保证冷藏箱的温度，同时在运输过程中确保__________。①

答案：便携式冷藏箱　冰袋　冷藏效果

7. 采集后的水样瓶均需贴上标签，标签内容有__________、__________、__________、采样人员并写明__________及使用___________。①

答案： 采样点位编码　采样日期和时间　测定项目　保存方法　何种保存剂

8. 水样在运输过程中，除了防震、__________和__________外，还要防止__________进入容器和__________，避免水样变质。①

答案： 避免日光照射　低温运输　新的污染物　沾污瓶口

9. 测定_______、_______、_______项目的水样，在保存期内可以不加保存剂。③

答案： 氟化物　硝酸盐氮　亚硝酸盐氮　总磷　阴离子表面活性剂（答出3种即可）

10. 各种水质的水样，从采集到分析这段时间内，由于______、______、______的作用会发生不同程度的变化，使得水样在分析时不再是采样时的样品，必须在采样时对样品____________。④

答案： 物理　化学　生物　加以保护

11. 水样在贮存期内发生变化的程度主要取决于水的类型及水样的__________性质和________性质，也取决于________、_________、_________及气候变化等因素。④

答案： 化学　生物学　保存条件　容器材质　运输

12. 在大多数情况下，从采集样品到运输到实验室期间，在_________冷藏并暗处保存，对保存样品就足够了；_________冷冻温度一般能延长贮存期，分析_______不适用冷冻程序。④

答案： 1～5℃　−20℃　挥发性物质

13. 保存水样的措施有__________、__________、__________、__________。④

答案： 选择适当材料的容器　控制溶液的pH　加入固定剂　冷藏或冷冻

14. 用于测定化学需氧量的水样，在保存时需加入______，使pH______。①

答案： 硫酸　≤2

二、判断题

1. 用于测定氨氮、总磷、阴离子表面活性剂项目的样品必须冷藏运输。①（　　）

答案： 正确。

2. 用于测定氟化物、阴离子表面活性剂、总磷项目的水样在保存期内可以不加保存剂。①（　　）

答案： 正确。

3. 用于测定六价铬项目的水样保存方法为加入氢氧化钠至pH≥12。①（　　）

答案： 错误。

正确答案为：用于测定六价铬项目的水样保存方法为加入氢氧化钠至 pH≈8。

4. 用于测定叶绿素 a 项目的水样使用的碳酸镁保存剂可以为分析纯。③（　　）

答案：正确。

5. 用于测定叶绿素 a 项目的水样使用的碳酸镁保存剂应该使用优级纯。③（　　）

答案：错误。

正确答案为：用于测定叶绿素 a 项目的水样使用的碳酸镁保存剂可以使用分析纯。

6. 用于测定砷、硒、汞项目的水样使用的保存剂应该为浓硫酸。③（　　）

答案：错误。

正确答案为：用于测定砷、硒、汞项目的水样使用的保存剂应该为浓盐酸。

7. 用于测定砷、硒、汞项目的水样使用的保存剂应该为浓盐酸。③（　　）

答案：正确。

8. 测定氟化物项目的水样应该用硬质玻璃瓶储存。③（　　）

答案：错误。

正确答案为：测定氟化物项目的水样应该用聚乙烯瓶储存。

9. 为验证现场保存剂的添加量是否在合理范围，应该在样品混匀后，将 pH 试纸插入水样液面下 1 cm 验证 pH 范围。①（　　）

答案：错误。

正确答案为：为验证现场保存剂的添加量是否在合理范围，应该在样品混匀后，使用干净的玻璃棒或一次性滴管沾取水样，用 pH 试纸测试 pH 是否在规定范围内。

10. 为验证现场保存剂的添加量是否在合理范围，应该在样品混匀后，使用干净的玻璃棒或一次性滴管沾取水样，用 pH 试纸测试 pH 是否在规定范围内。①（　　）

答案：正确。

11. 现场使用完的一次性滴管或一次性移液管应统一放置，送回实验室后统一清洗后继续使用。①（　　）

答案：错误。

正确答案为：现场使用完的一次性滴管或一次性移液管应统一放置，送回实验室后按危险废物处理流程统一处理。

12. 现场使用完的一次性滴管或一次性移液管应统一放置，送回实验室后按危险废物处理流程统一处理。①（　　）

答案：正确。

13. 固定剂使用前抽检，以分装的数量计，所有固定剂至少抽测 10%的比例。①（ ）

答案：正确。

14. 测定挥发酚、氰化物项目的样品必须使用避光容器储存。③（ ）

答案：错误。

正确答案为：氰化物可以不用避光储存。

15. 测定五日生化需氧量项目的样品必须使用避光容器储存。③（ ）

答案：正确。

三、选择题

1. 在水样中加入______是为防止金属沉淀。①（ ）

A. HNO_3　B. NaOH　C. $CHCl_3$

答案：A

2. 生物作用会对水样中待测的项目如______的浓度产生影响。①（ ）

A. 含氮化合物　B. 六价铬　C. 氰化物

答案：A

3. 测定______等水样在储存过程中易发生明显变化，不适用于混合水样。②（ ）

A. 挥发酚、油类、硫化物　B. 氯化物、氟化物　C. 重金属

答案：A

4. 水质监测采样时，必须在现场进行固定处理的项目是______。①（ ）

A. 砷　B. 硫化物　C. COD

答案：B

5. 测定水中总磷时，采集的样品应储存于______。③（ ）

A. 聚乙烯瓶　B. 玻璃瓶　C. 硬质玻璃瓶

答案：C

6. 对于六价铬水样保存方法为加入______调节水样______。①（ ）

A. 氢氧化钠，pH≥12　B. 氢氧化钠，pH≈8　C. 硫酸，pH≤2

答案：B

7. 测定五日生化需氧量的水样，应______保存。①（ ）

A. 加入硫酸锰及碱性碘化钾　B. 加入盐酸至 pH≤2

C. 加入氢氧化钠至 pH≥12　D. 不加保存剂

答案：D

8. 测定______等项目，水样在保存期内可不加保存剂。①（ ）

A. 硫化物、化学需氧量、氨氮、总磷 B. 氟化物、总磷、阴离子表面活性剂

C. 化学需氧量、氨氮、挥发酚

答案：B

9. ______项目样品瓶不能使用聚乙烯材质。③（ ）

A. 石油类、硫化物、叶绿素 a B. 铜、锌、氰化物 C. 氟化物、汞

答案：A

10. 氢氧化钠、碳酸镁固定剂储存瓶材质分别为______、______。③（ ）

A. 硬质玻璃，硬质玻璃 B. 聚乙烯，聚乙烯 C. 聚乙烯，硬质玻璃

答案：C

11. 固定剂本底检测结果对应的项目应______，则该批次固定剂合格，否则，应查找原因或更换固定剂后重新检验。③（ ）

A. 不得检出 B. 小于方法检出限 C. 小于方法测定下限

答案：B

12. 固定剂使用前抽检必须覆盖该固定剂添加的______分析项目。③（ ）

A. 10% B. 5%～10% C. 20% D. 所有

答案：D

13. 浓盐酸、浓硫酸固定剂储存瓶材质分别为______。③（ ）

A. 硬质玻璃、硬质玻璃 B. 聚乙烯、聚乙烯 C. 聚乙烯、硬质玻璃

答案：A

14. 磷酸、硫酸铜固定剂储存瓶材质分别为______、______。③（ ）

A. 硬质玻璃，硬质玻璃 B. 聚乙烯，聚乙烯 C. 聚乙烯，硬质玻璃

答案：A

四、问答题

1. 《国家地表水环境质量监测网监测任务作业指导书（试行）》规定样品运输过程有哪些要求？①

答案：（1）水样采集后立即送回实验室。

（2）同一采样点的样品应装在同一包装箱内，如果分装在两个或几个箱子中，则

需在每个箱内放入相同的现场采样记录。

（3）运输前应检查现场采样记录上的所有水样是否全部装箱。

（4）每个水样瓶均需贴有标签，标签内容有采样点位编码、采样日期和时间、测定项目、采样人员、保存方法、并注明用何种保存剂。

（5）每个水样瓶必须加以妥善的保存和密封，并装在包装箱内固定，以防止在运输途中破损，除了防震、避免日光照射和低温运输外，还要防止新的污染物进入容器和沾污瓶口，使水样变质。

2. 按照国家地表水采测分离工作要求，水样采集完至运输前应做好哪些工作？③

答案：（1）首先应清点样品数量、核对项目、采样量和保存剂的添加，确认无误后放入采样冷藏避震箱内封存。

（2）在手机 APP 上核对记录是否填写完整，包括固定剂添加种类、固定剂添加量、样品状态感官描述（是否浑浊、有色）、现场沉降方式等。

（3）清洗整理采样器具及现场监测设备。

（4）采样过程中产生的固体和液体废弃物应分别放置在专门的收集容器中，统一进行回收处理。

3. 按照国家地表水采测分离工作要求，水样装箱冷藏有哪些要求？③

答案：采样人员完成样品采集后应立即将样品放入冷藏避震箱保存，所有冷藏避震箱内均应放置或配备连续温度记录仪，确保在样品送达任务监测站前能满足 0～5℃冷藏保存要求。所有冷藏避震箱在装样完毕后，均应贴上印有“国家地表水环境质量监测专用”字样的易碎封条，在样品送达任务监测站前，封条不得被撕开。

4. 按照国家地表水采测分离工作要求，水样运输交接有哪些要求？③

答案：各组采样人员在冷藏箱装车完毕后，立即将样品运往冷藏运输车接驳地点；各组样品运抵接驳地点后，运输人员应使用现场记录仪摄下与采样人员进行冷藏箱交接和混放过程，按照手机 APP 给出的运输工单核对冷藏箱数量、编码，检查封条是否完整。核对无误后，由运输人员将收到的冷藏避震箱混合摆放。

5. 按照国家地表水采测分离工作要求，简要叙述与分析机构交接水样的程序。③

答案：冷藏运输车司机提前联系分析机构的接样员，告知达到时间，并与接样员共同确认来样数量和规格。

若出现以下情况，分析测站可拒收样品，通过手机 APP 提出退样申请，并立即将不合规定的情况拍照上传：

（1）打开冷藏避震箱时，箱内温度记录仪显示的温度超过 5℃，可申请退回该箱样品涉及断面（点位）的全部水样。

（2）从样品采集完成到样品运抵分析测站的总时长超过 18 h（管理系统会自动对超过 18 h 的样品进行标注提示），可申请退回超期样品涉及断面（点位）的全部水样。

（3）样品瓶破裂或发生漏液，可申请退回破损样品涉及断面（点位）的全部水样。

（4）冷藏避震箱的封条被撕开，可申请退回该箱样品所涉及断面（点位）的全部水样。

（5）冷藏避震箱数量或编码，样品瓶数量、规格或编码与样品交接工单不符，可申请退回不符样品所涉及断面（点位）的全部水样。

若未发现上述不合格情况，待任务监测站接样人员核对无误后，采样公司运输人员打开手机 APP，与接样人员确认完成样品最终交接。

6. 简述水质采样的安全要求。③

答案：（1）参加采样的人员必须身体健康，采样人员中须配备一定数量熟悉水性的成员。船工须熟悉水性、航道情况并有航行经验。

（2）采样船须配备救生圈、救生绳索等，采样时穿好救生衣。

（3）船上配备医药箱，在大江大河采样时配备救生人员。

（4）小船采样严禁超载超员。

（5）需要破冰采样的地方，要预先小心检查薄冰层位置和范围，做好标志，行走和采样时人员适当分散，要专人做监视，防止采样人员掉进冰窟窿。流冰期采样时，岸边须有人监护。

（6）较小河流中用橡皮船采样时，须在河两岸设置固定点固定软绳，船上还需有人拉绳随时做好保护。

（7）采样船要悬挂信号旗，以示采样工作进行中，避免其他船只通过时受碰撞或被破浪冲击而发生事故。

（8）桥梁上采样也要做好安全提示。

（9）夜间行车注意控制车速，增加跟车距离，尽量避免超车，切勿疲劳驾驶。

7. 对于六价铬水样保存剂用量有何要求？如何现场确定保存剂的添加量在合理范围？③

答案：（1）加入氢氧化钠，调节样品 pH≈8。

（2）使用一次性滴管或一次性移液管，添加氢氧化钠。添加完保存剂后，使用干净的一次性滴管（或玻璃棒）沾取水样，用 pH 试纸测试 pH 是否在规定范围内。

8. 简述水质采样常用的安全辅助设备。③

答案：安全带、安全绳、安全帽、反光服、警示牌、救生衣、防滑手套、无尘手套、护目镜。（至少答出 5 种）

参考文献

[1] 中国环境监测总站. 国家地表水环境质量监测网监测任务作业指导书（试行）. 2017.

[2] 环境保护部. 水质　采样技术指导：HJ 494—2009[S]. 北京：中国环境科学出版社，2009.

[3] 中国环境监测总站. 国家地表水环境质量监测网采测分离　采样技术导则. 2017.

[4] 环境保护部. 水质　样品的保存和管理技术规定：HJ 493—2009[S]. 北京：中国环境科学出版社，2009.

[5] 国家环境保护总局《水和废水监测分析方法》编委会. 水和废水监测分析方法：4 版[M]. 北京：中国环境科学出版社，2002.

第五章　采样过程质量保证

第一节　人　员

一、填空题

1. 在进行国家地表水环境质量监测采样时，每个断面至少应安排______位采样人员。②

答案：2

2. 采样人员应充分了解监测任务的______和______，了解___________的周边情况。③

答案：目的　要求　监测点位

3. 采样人员应掌握___________、___________、___________和___________等，做好采样前的准备。③

答案：采样方法　监测项目　采样质量保证措施　样品的保存技术　采样量

二、判断题

1. 监测人员需要经过培训，方可上岗。②（　　）

答案：错误

正确答案为：监测人员需要经过培训，考核合格后持证上岗

2. 现场使用塞氏盘法测定水质透明度的监测人员矫正视力须在 0.8 以上，并需要经过培训，考核合格后方可上岗。①（　　）

答案：错误

正确答案为：现场使用塞氏盘法测定水质透明度的监测人员矫正视力须在 1.0 以上，并需要经过培训，考核合格后方可上岗。

三、问答题

1. 简述从事监测工作的监测人员的技术要求。④

答案：具备扎实的环境监测基础理论和专业知识；正确熟练地掌握环境监测中操作技术和质量控制程序；熟知有关环境监测管理的法规、标准和规定；学习和了解国内外环境监测新技术、新方法。

参考文献

[1] 中国环境监测总站. 国家地表水环境质量监测网采测分离 现场监测技术导则. 2017.

[2] 中国环境监测总站. 国家地表水环境质量监测网采测分离 采样技术导则. 2017.

[3] 中国环境监测总站. 国家地表水环境质量监测网监测任务作业指导书（试行）. 2017.

[4] 国家环境保护总局. 地表水和污水监测技术规范：HJ/T 91—2002[S]. 北京：中国环境科学出版社，2002.

第二节 采样试剂

一、填空题

1. 水质 pH 测定所用标准缓冲液须在常温避光条件下保存，一般可保存______个月。①

答案：2～3

2. 固定剂需选用_____及以上纯度。②

答案：优级纯

3. 现场监测所用仪器设备，应实行三色标识管理，红色代表______，黄色代表______，绿色代表______。⑤

答案：停用 准用 合格

4. 采样瓶洗涤时，尤其应注意____________________________和_______________。②

答案：玻璃采样瓶磨砂部分 瓶口边缘处

5. 测定__________、_______________等项目时，采样时水样必须注满容器，上部不留空间。②

答案：硫化物　　生化需氧量

6. 在测定地表水中重金属铜、锌、铅、镉等时，往往需加入酸达到______，才能保证重金属不沉淀或不被容器吸附。⑥

答案：1%

7. 测定六价铬的水样，应加入______，调节 pH 至______。⑥

答案：4 g/L NaOH　8～9

8. 通过加入化学保存剂的方法保存水样，主要通过______________、_____________、______________、_____________等方法实现。⑥

答案：控制溶液 pH　加入抑制剂　加入氧化剂　加入还原剂

9. 水质采样时，通常分析有机物样品使用_______材质采样瓶，分析无机物的样品使用______________材质采样瓶。⑥

答案：玻璃　聚乙烯塑料

10. 1+3 硝酸溶液的配制方法：______体积的硝酸加上______体积的水。②

答案：1　3

11. 用于微生物分析的容器及盖子，盖子应经高温灭菌，灭菌温度应确保在此温度下不释放或产生出任何______________、______________或______________的化学物质。⑦

答案：能抑制生物活性　灭活　促进生物生长

12. 用于微生物分析的容器在灭菌前可在容器中加入_____________，以除去余氯对细菌的抑制作用。⑦

答案：硫代硫酸钠

13. 测定氰化物的水样应贮于_________（材质）瓶中。②

答案：聚乙烯

14. 清洗总磷采样容器的一般程序是，先用___________洗刷，再用___________洗涤，然后用自来水、蒸馏水冲洗干净。②

答案：自来水清洗　铬酸洗液

15. 固定剂使用前需进行抽检，抽检时间为每月的采样任务__________。②

答案：开始前

16. 氨氮、高锰酸盐指数、化学需氧量、总氮项目固定剂及耗材的验收方法：分别用虹吸法向两个 1 L__________瓶中加入约 1 L 纯水，再加入______浓硫酸，混匀。分别按照检测标准 HJ 535、GB 11892、HJ 828、HJ 636 中相关要求进行氨氮（检出限

0.025 mg/L）、高锰酸盐指数（检出限 0.5 mg/L）、化学需氧量（检出限 4 mg/L）和总氮（检出限 0.05 mg/L）项目的检测。两个样品检测结果均应_______方法检出限。⑧

答案：棕色玻璃　　0.5 ml　　小于

17. 挥发酚项目固定剂及耗材的验收时，分别用虹吸法向两个 1 000 ml 棕色玻璃瓶中加入约 1 000 ml 纯水，加入_______约 0.4 ml，调节至 pH 约为 4，再加入约 1 g _______，混匀。⑧

答案：浓磷酸　　硫酸铜

18. 叶绿素 a 项目固定剂及耗材的验收时，用排空法分别向两个 500 ml 棕色玻璃瓶中加入约 500 ml 纯水，再加入 0.5 ml_______________溶液，混匀。⑧

答案：1% 碳酸镁悬浊液

二、判断题

1. 水质 pH 测定所用标准缓冲液须在常温避光条件下保存，一般可保存 2～3 个月，但发现有浑浊、发霉或沉淀等现象时，不能继续使用。标准缓冲溶液不能重复使用。①（　　）

答案：正确

2. 水质 pH 测定所用标准缓冲液发现有沉淀现象时，应取上清液使用。①（　　）

答案：错误

正确答案为：水质 pH 测定所用标准缓冲液发现有沉淀现象时，不能继续使用。

3. 水质 pH 测定所用标准缓冲液使用时，标准缓冲溶液不能重复使用。①（　　）

答案：正确

4. 采样用固定剂购置应选择合格供应商，对所加固定剂做空白批次抽检并记录，合格后才能使用。②（　　）

答案：正确

5. 采集叶绿素 a 项目水样使用的固定剂碳酸镁可以为分析纯级。②（　　）

答案：正确

6. 配制固定剂时，为避免污染环境，取用试剂时，多出的试剂，应放回原瓶中。④（　　）

答案：错误

正确答案为：取用试剂时，应遵循“量用为出，只出不进”的原则。

7. 水样采集后，样品容易受到生物、物理和化学因素的影响而发生变化。⑥（　　）

答案：正确

8. 特殊情况下，溶解氧不能在现场测定时，回到实验室应立即加入硫酸锰、碱性 KI 叠氮化钠溶液保存样品。⑥（　　）

答案：错误

正确答案为：特殊情况下，溶解氧不能在现场测定时，应现场立即加入硫酸锰、碱性 KI 叠氮化钠溶液保存样品。

9. 水样的生物作用会对溶解氧、磷酸盐和硫酸盐以及重金属等测定项目产生影响。⑥（　　）

答案：错误

正确答案为：水样的生物作用对重金属测定项目没有影响。

10. 样品保存剂在采样前应进行空白实验，其纯度和等级必须达到分析的要求。②（　　）

答案：正确

11. 测定水中氟化物应使用广口玻璃瓶。②（　　）

答案：错误

正确答案为：测定水中氟化物应使用聚乙烯瓶。

12. 测定水中重金属的采样容器通常先用水和洗涤剂洗，再用铬酸-硫酸洗液，然后用自来水、蒸馏水冲洗干净。②（　　）

答案：错误

正确答案为：测定水中重金属的采样容器通常用盐酸或硝酸洗液洗净，并浸泡 1～2 d，然后用蒸馏水或去离子水冲洗。

13. 测定氰化物的水样需加入氢氧化钠调节 pH 至 8。②（　　）

答案：错误

正确答案为：测定氰化物的水样需加入氢氧化钠调节 pH 至 12。

14. 采集挥发酚的水样后，应加入硝酸调节溶液的 pH。②（　　）

答案：错误

正确答案为：采集挥发酚的水样后，应加入磷酸调节溶液的 pH。

15. 已洗净的石油类采样容器必须再用布或纸擦干。②（　　）

答案：错误

正确答案为：已洗净的采样容器不能再用布或纸擦干，因为布或纸的纤维会留在瓶壁上。

16. 进行铜、锌、铅、镉项目固定剂及耗材的验收时，用虹吸法使纯水通过装有 0.45 μm 滤膜的抽滤装置（滤膜预先用纯水润洗抽滤 3 次），然后向 250 ml 塑料瓶中加入约 250 ml 抽滤后的纯水，再加入 2.5 ml 浓硝酸，混匀。⑧（　　）

答案：错误

正确答案为：分别向 2 个 250 ml 塑料瓶中加入约 250 ml 抽滤后的纯水，再加入 2.5 ml 浓硝酸，混匀。

17. 进行六价铬项目固定剂及耗材的验收时，分别用虹吸法向 2 个 250 ml 玻璃瓶中加入约 250 ml 纯水，用氢氧化钠溶液（20 g/L）调节至 pH 约为 8。⑧（　　）

答案：错误

正确答案为：用氢氧化钠溶液（4 g/L）调节至 pH 约为 8。

三、选择题

1. 采集氰化物样品时，需加入_______固定剂，并存放于_______中。⑦（　　）

A. 氢氧化钠，棕色玻璃瓶　　B. 硫酸，棕色玻璃瓶

C. 氢氧化钠，聚乙烯塑料瓶　　D. 硫酸，聚乙烯塑料瓶

答案：C

2. 洗涤石油类采样瓶的方式：先用自来水冲刷去灰尘，再用洗涤液洗涤，然后用自来水冲洗，_______荡洗 1 次，自来水洗 3 次，蒸馏水洗 1 次，晾干备用。②（　　）

A. 1+1 盐酸　　B. 1+3 硝酸　　C. 1+3 硫酸

答案：B

3. 配制铬酸洗液时，要使用_______试剂进行配制。②（　　）

A. 铬酸钾　B. 重铬酸钾　C. 高锰酸钾

答案：B

4. 配好的铬酸洗液要放凉，再小心转移到_______中，用封口胶封口。②（　　）

A. 棕色广口瓶　B. 白色广口瓶　C. 棕色细口瓶　D. 白色细口瓶

答案：A

5. 固定剂需选用_______及以上纯度。②（　　）

A. 化学纯　B. 分析纯　C. 优级纯

答案：C

6. 测定高锰酸盐指数、化学需氧量、氨氮、总氮的水样，每 1 000 ml 水样，加入_______ml

浓硫酸，调节样品 pH≤2。②（　　）

A. 0.2　　B. 0.5　　C. 1.0

答案：B

7. 测定水中高锰酸盐指数时，一般加入硫酸，调节 pH≤2，可将样品保存_______h。②（　　）

A. 24　　B. 48　　C. 72

答案：B

8. 测定水中六价铬时，一般加入_______，调节 pH≈8。②（　　）

A. 硫酸　　B. 氢氧化钠　　C. 硝酸

答案：B

9. 测定水中硫化物时，一般加入乙酸锌-乙酸钠溶液，再采集水样至瓶颈时加入______溶液至刚有白色沉淀产生，加水样充满容器，瓶塞下不留空气。②（　　）

A. 硫酸　　B. 氢氧化钠　　C. 硝酸

答案：B

10. 测定水中汞时，一般加入_______保存样品。②（　　）

A. 硫酸　　B. 盐酸　　C. 硝酸

答案：B

11. 测定水中挥发酚时，一般加入_______以控制苯酚分解菌的活动。⑥（　　）

A. 硫酸铜　　B. 氯化钠　　C. 磷酸

答案：A

12. 测定水中硫化物时，所使用的乙酸锌-乙酸钠配制方法为：称取_____g 乙酸锌和_____g 乙酸钠溶于 1 L 水中。②（　　）

A. 50，12.5　　B. 12.5，50　　C. 15.5，60

答案：A

13. 测定水中硫化物时，所使用的氢氧化钠配制方法为：称取_______g 氢氧化钠溶于 1 L 水中。②（　　）

A. 20　　B. 40　　C. 60

答案：B

14. 固定剂使用前需进行抽检，抽检要求为：抽测必须覆盖该固定剂添加的所有分析项目。以分装的数量计，所有固定剂至少抽测_______%的比例。②（　　）

A. 5　　B. 10　　C. 20

答案：B

15. 进行石油类项目固定剂及耗材验收时，分别向两个 1 L 玻璃瓶中加入约 1 L 纯水，再加入______ml 浓盐酸，混匀后测定其浓度。⑧（　　）

A. 0.5　B. 1.0　C. 2.5

答案：B

16. 进行砷、汞、硒项目固定剂及耗材的验收时，分别用虹吸法向两个 500 ml 塑料瓶中加入约 500 ml 纯水，再加入______ml 浓盐酸，混匀后测定其浓度。⑧（　　）

A. 0.5　B. 1.0　C. 2.5

答案：C

17. 进行氰化物项目固定剂及耗材的验收时，分别用虹吸法向两个 1 000 ml 塑料瓶中加入约 1 000 ml 纯水，再加入______，调节至 pH 大于 12 后，测定其浓度。⑧（　　）

A. 液体氢氧化钠　B. 固体氢氧化钠　C. 固体氢氧化钾

答案：B

四、问答题

简述固定剂本底的检测方法。②

答案：取两份或两份以上纯水样，加入固定剂，然后不经蒸馏、消解等实验室预处理，直接分析后测定水样浓度。如检测结果小于检出限，则该批次固定剂合格；否则，应查找原因，或更换固定剂后重新检验。

参考文献

[1] 中国环境监测总站. 国家地表水环境质量监测网采测分离　现场监测技术导则. 2017.

[2] 中国环境监测总站. 国家地表水环境质量监测网采测分离　采样技术导则. 2017.

[3] 中国环境监测总站. 国家地表水环境质量监测网监测任务作业指导书（试行）. 2017.

[4] 国家环境保护总局. 地表水和污水监测技术规范：HJ/T 91—2002. 北京：中国环境科学出版社，2002.

[5] 中国环境监测总站. 国家地表水环境质量监测网采测分离　管理导则. 2017.

[6] 国家环境保护总局《水和废水监测分析方法》编委会. 水和废水监测分析方法. 4 版.

北京：中国环境科学出版社，2002.
[7] 环境保护部. 水质采样　样品的保存和管理技术规定：HJ 493—2009. 北京：中国环境科学出版社，2009.
[8] 中国环境监测总站. 地表水采测分离试剂耗材验收技术规定. 2017.

第三节　采样点位、采样过程

一、填空题

1. 根据《国家地表水环境质量监测网监测任务作业指导书（试行）》，采集样品时，应满足相应的规范要求，并对__________工作和__________实行必要的质量监督。③

答案：采样准备　采样过程

2. 根据《国家地表水环境质量监测网监测任务作业指导书（试行）》，样品采集过程中，全程序空白和平行双样的采集要覆盖______个以上的监测项目。③

答案：3

3. 根据《国家地表水环境质量监测网采测分离　采样技术导则》，设置的 3 类监测断面包括：__________、__________和__________。②

答案：河流断面　　湖库点位　　入海控制断面

4. 根据《国家地表水环境质量监测网采测分离　采样技术导则》，过滤筛网的材质选用__________，过滤筛网的孔径选择_____μm。②

答案：尼龙材质　63

5. 根据《地表水和污水监测技术规范》（HJ/T 91），在采样断面同一条垂线上，水深 5～10 m 时，设 2 个采样点，即__________m 处和__________m 处；若水深≤5 m 时，采样点在水面________m 处。⑤

答案：水面下 0.5　　河底上 0.5　　下 0.5

6. 根据《地表水和污水监测技术规范》（HJ/T 91），在采样断面同一条垂线上，水深≤0.5 m 时，在水深______处采样。⑤

答案：1/2

7. 对流域或水系要设立______断面、______断面和______断面。⑤

答案：背景　　控制　　入海口

8. 根据《地表水和污水监测技术规范》（HJ/T 91），断面位置应避开________、________、_______，尽量选择顺直河段、河床稳定、水流平稳，水面宽阔、无急流、无浅滩处。⑤

答案：死水区　回水区　排污口处

9. 根据《水和废水监测分析方法》（第四版），为评价一完整水系的污染程度，不受人类生活和生产活动影响，提供水环境背景值的断面是_______断面。⑦

答案：背景

10. 根据《水和废水监测分析方法》（第四版），把从不同采样点同时采集的各个瞬时水样混合起来所得到的样品称作____________。⑦

答案：综合水样

11. 根据《地表水和污水监测技术规范》（HJ/T 91），背景断面原则上应设在___________或______________________。⑤

答案：水系源头处　未受污染的上游河段

12. 根据《地表水和污水监测技术规范》（HJ/T 91），断面应设置在本区域最后的污水排放口下游，污水与河水已基本混匀并尽可能靠近水系_______处。⑤

答案：出境

13. 根据《地表水和污水监测技术规范》（HJ/T 91），湖（库）区若无明显功能区别，可用_______法均匀设置监测垂线。⑤

答案：网格

14. 根据《地表水和污水监测技术规范》（HJ/T 91），湖（库）区监测点位布设时，如果出现温度分层现象时，应做_______和___________的探索性试验。⑤

答案：水温　溶解氧

15. 根据《地表水和污水监测技术规范》（HJ/T 91），用船只采样时，采样船应位于下游方向_____________，避免搅动底部沉积物造成水样污染。⑤

答案：逆流采样

二、判断题

1. 根据《国家地表水环境质量监测网监测任务作业指导书（试行）》，样品采集过程中，全程序空白和平行双样的采集要覆盖 3 个以上的监测项目，每年 80%的项目必须覆盖一次以上。③（　　）

答案：错误

正确答案为：样品采集过程中，全程序空白和平行双样的采集要覆盖 3 个以上的监测项目，每年每个项目必须覆盖一次以上。

2. 虹吸装置，可使用乳胶管+吸管自制虹吸装置也可使用手持式取水泵。②（　　）

答案：错误

正确答案为：虹吸装置，可使用硅胶管+吸耳球自制虹吸装置也可使用手持式取水泵。

3. 根据《地表水和污水监测技术规范》（HJ/T 91），用船只采样时，采样船应位于下游方向，顺流采样，避免搅动底部沉积物造成水样污染。⑤（　　）

答案：错误

正确答案为：根据《地表水和污水监测技术规范》（HJ/T 91），用船只采样时，采样船应位于下游方向，逆流采样，避免搅动底部沉积物造成水样污染。

4. 根据《地表水和污水监测技术规范》（HJ/T 91），在同一采样点上分层采样时，应自上而下进行，避免不同层次水体混扰。⑤（　　）

答案：正确

5. 根据《地表水和污水监测技术规范》（HJ/T 91），采样时，除细菌总数、大肠菌群、油类、DO、BOD_5、有机物、余氯等有特殊要求的项目外，要先用采样水荡洗采样器与水样容器 2～3 次，然后再将水样采入容器中，并按要求立即加入相应的固定剂，贴好标签。⑤（　　）

答案：正确

6. 根据《地表水和污水监测技术规范》（HJ/T 91），水环境例行监测水样容器和污染源监测水样容器清洗干净后应分架存放，不得混用。⑤（　　）

答案：正确

7. 水样在 2～5℃保存，能抑制微生物的活动，减缓物理作用和化学作用的速度，这种保存方法不会妨碍后续的分析测定。⑥（　　）

答案：正确

8. 根据《地表水和污水监测技术规范》（HJ/T 91），控制断面应设置在排污区（口）的上游，污水与河水基本混匀处。⑤（　　）

答案：错误

正确答案为：控制断面应设置在排污区（口）的下游，污水与河水基本混匀处。

9. 根据《水和废水监测分析方法》（第四版），监测断面不能与水文测流断面重叠，避免

水文参数与水质监测互相干扰。⑦（ ）

答案：错误

正确答案为：监测断面力求与水文测流断面一致，以便利用其水文参数，实现水质监测与水量监测的结合。

10. 根据《水和废水监测分析方法》（第四版），受污染物影响较大的重要湖泊、水库，应在污染物主要输送路线上设置控制断面。⑦（ ）

答案：正确

11. 根据《水和废水监测分析方法》（第四版），混合水样不适用于测试挥发酚、油类、硫化物等项目。⑦（ ）

答案：正确

12. 根据《水和废水监测分析方法》（第四版），在污染源监测中，随污水流动的悬浮物或固体颗粒，在采样时应用滤膜除去。⑦（ ）

答案：错误

正确答案为：在污染源监测中，随污水流动的悬浮物或固体颗粒，应看作是污水样的一个组成部分，不应在分析前滤除。

13. 根据《水和废水监测分析方法》（第四版），采集河流、湖泊表层水时，不能混入漂浮于水面上的物质。⑦（ ）

答案：正确

14. 根据《水和废水监测分析方法》（第四版），采集测试油类的样品时，采集水样前，应先用水样洗涤采样容器、采样瓶 2～3 次。⑦（ ）

答案：错误

正确答案为：测定油类的水样，不能用采集的水样冲洗。

15. 根据《水和废水监测分析方法》（第四版），测定油类、五日生化需氧量，溶解氧，硫化物等项目应单独采样。⑦（ ）

答案：正确

16. 根据《地表水和污水监测技术规范》（HJ/T 91），在国家地表水环境质量监测网作业指导书中石油类项目不采平行样⑤（ ）

答案：正确

三、选择题

1. 用船只采样时，采样器应尽量远离船体，_______采集。②（　　）

   A. 逆流　　B. 顺流

答案：A

2. 根据《地表水和污水监测技术规范》（HJ/T 91），水库和湖泊的采样，如果水样中含沉降性固体，如泥沙等，应分离除去。分离方法为：将所采水样摇匀后倒入筒形玻璃容器，静置 30 min，将已不含沉降性固体但含有悬浮性固体的水样移入盛样容器并加入保存剂。测定_______的水样除外。⑤（　　）

   A. 高锰酸盐指数　B. 总磷和总氮　　C. 悬浮物和油类

答案：C

3. 根据《地表水和污水监测技术规范》（HJ/T 91），测定湖库水 COD、高锰酸盐指数、叶绿素 a、总氮、总磷时的水样，采样后静置 30 min，用吸管一次或几次移取水样，吸管进水尖嘴应插至水样表层_______mm 以下位置，再加保存剂保存。⑤（　　）

   A. 15　　B. 20　　C. 30　　D. 50

答案：D

4. 根据《国家地表水环境质量监测网监测任务作业指导书（试行）》，测定 BOD_5 时，采样体积不少于_______ml。③（　　）

   A. 250　　B. 500　　C. 1 000

答案：C

5. 根据《地表水和污水监测技术规范》（HJ/T 91），测定_______项目不需要单独采样。⑤（　　）

   A .油类　　B. BOD_5　　C. 溶解氧　　D. 高锰酸盐指数

答案：D

6. 根据《国家地表水环境质量监测网监测任务作业指导书（试行）》，由于客观原因，无法在现场自然沉降 30 min 的，需_______现场情况，并在采样记录表中写明原因。③（　　）

   A. 拍照记录　　B. 拍照　　C. 记录

答案：A

7. 使用 GPS 或固定标志物来保证监测断面位置的准确和固定。一般情况下，在一个监测断面上设置的采样垂线数和各垂线上的采样点数按有关规定来执行。以下不允许只采集岸边样品的情况是_______。③（　　）

A. 断面所处桥梁被淹没，且附近没有船只可以租用

B. 断面所处河段水位较浅，无法行船，附近没有桥梁

C. 断面河流宽度超过 100 m

答案：C

8. 测定_______等项目时，采样时水样必须注满容器，上部不留空间，并用水封口。⑦（　　）

A. 溶解氧　B. 生化需氧量　C. 重金属

答案：B

9. 对于流速和待测物浓度都有明显变化的流动水，采集_______样品，可反映水体的整体质量。⑦（　　）

A. 综合水样　B. 瞬时水样　C. 流量比例

答案：C

10. 根据《地表水和污水监测技术规范》（HJ/T 91），关于各类监测断面的布设，下列说法正确的是：_______。⑤（　　）

A. 水网地区流向不定的河流，不应设置监测断面

B. 水系较大的支流汇入前的河口处，以及湖泊、水库、主要河流的出入口应设置监测断面

C. 国际河流出入国境的交界处可仅设置出境断面

答案：B

11. 根据《地表水和污水监测技术规范》（HJ/T 91），监测断面的设置数量，应根据掌握水环境质量状况的实际需要，考虑在对污染物时空分布和变化规律的了解、优化的基础上，以_______的断面、垂线和测点取得代表性最好的监测数据。⑤（　　）

A. 最少　B. 最多

答案：A

12. 测定油类的水样，应在水面下_______mm 采集柱状水样。采样瓶（容器）不能用采集的水样冲洗。⑦（　　）

A. 100　B. 200　C. 300

答案：C

13. 需要单独采样并将采集的样品全部用于测定的项目是_______。⑦（ ）

A. 重金属 B. 挥发酚 C. 油类

答案：C

14. 根据《地表水和污水监测技术规范》（HJ/T 91），瞬时水样为：_______。⑤（ ）

A. 从水中不连续地随机（就时间和断面而言）采集的单一样品，一般在一定的时间和地点随机采取

B. 在某一时段内，在同一采样点所采水样量随时间与流量成比例的混合水样

C. 在某一时段内，在同一采样点按等时间间隔采等体积水样的混合水样

答案：A

四、问答题

1. 样品采集时需制订采样计划，简述采样计划应包括哪些内容。③

答案：采样计划内容包括采样时间和路线、采样人员和分工、采样器材、交通工具以及安全保障措施等。

2. 简述样品运输与交接时应注意哪些事项。③

答案：样品运输过程中应采取措施保证样品性质稳定，避免沾污、损失和丢失。样品接收、核查和发放各环节应受控，样品交接记录、样品标签及其包装应完整。若发现样品有异常或处于损坏状态，应如实记录，并尽快采取相关处理措施，必要时重新采样。

3. 简述什么是全程序空白。②

答案：全程序空白样品是指将实验用水代替水样，并按照与实际样品一致的程序进行采样、保存、运输、流转和分析的样品。

4. 简述全程序空白样品与采集的样品一致的程序包括哪些。②

答案：所谓一致的程序指在采样现场灌装，添加固定剂，冷藏运输以及所有的分析步骤等，其目的在于确认采样、保存、运输、前处理和分析全过程中是否存在污染和干扰。

5. 简述地表水使用的采样器的种类及其配套设备。②

答案：表层采样器、深水采样器、石油类采样器、静置容器、虹吸装置、可溶态重金属抽滤装置、过滤筛、离心设备、绞车、破冰工具及冰雪清理工具等。

6. 简述现场平行样品的采集方法。③

答案：采集现场平行样时，应等体积轮流分装成 2 份，并分别加入保存剂，注意不要装完一份样品再装另一份样品。

7. 每月采集现场平行样品的数量是多少？③

答案：每月采集的所有地表水样品，现场平行样数量应至少为水样总数的 10%。

8. 每一份样品都应附一张完整的水样标签，标签内容包括哪些？③

答案：标签内容至少包括“项目唯一性编号”“监测项目”“采样完成时间（精确到时）”和“是否加入保存剂”等信息。

9. 采样时潜在的污染来源包括哪几方面？④

答案：（1）在采样容器和采样设备中残留的前一次样品的污染；

（2）来自采样点位的污染；

（3）采样绳（或链）上残留水的污染；

（4）保存样品的容器的污染；

（5）灰尘和水对采样瓶瓶盖及瓶口的污染；

（6）手、手套和采样操作的污染；

（7）采样设备内部燃烧排放的废气的污染；

（8）固定剂中杂质的污染。

10. 控制采样污染常用的措施有哪几种？④

答案：（1）尽可能使样品容器远离污染，以确保高质量的分析数据；

（2）避免采样点水体的搅动；

（3）彻底清洗采样容器及设备；

（4）安全存放采样容器，避免瓶盖和瓶塞的污染；

（5）采样后擦拭并晾干采样绳（或链），然后存放起来；

（6）避免用手和手套接触样品；

（7）确保从采样点到采样设备的方向是顺风向，防止采样设备内部燃烧排放的废气污染采样点水体；

（8）采样后应检查每个样品中是否存在巨大的颗粒物如叶子、碎石块等，如果存在，应弃掉该样品，重新采集。

11. 水库和湖泊的采样过程应注意什么事项？⑤

答案：（1）采样时不可搅动水底部的沉积物；

（2）采样时应保证采样点的位置准确，必要时使用 GPS 定位；

（3）认真填写采样记录表，字迹应端正清晰；

（4）保证采样按时、准确、安全；

（5）采样结束前，应核对采样方案、记录和水样，如有错误和遗漏，应立即补采或重新采样；

（6）如采样现场水体很不均匀，无法采到有代表性的样品，则应详细记录不均匀的情况和实际采样情况，供使用数据者参考。

12. 瞬时非自动采样设备有哪些，分别适用哪种情况？④

答案：采集表层样品时，一般用吊桶或广口瓶；综合深度采样设备（如一种手动、简便易行的排空式采样器，可采集每层深度的样品）；选定深度定点采样设备；采集沉积物的抓斗式采泥器；抓斗式挖斗；岩芯采样器；溶解性气体（或挥发性物质）的采样设备等。（以上几种中任选 3 种作答即可）

参考文献

[1] 中国环境监测总站. 国家地表水环境质量监测网采测分离　现场监测技术导则. 2017.

[2] 中国环境监测总站. 国家地表水环境质量监测网采测分离　采样技术导则. 2017.

[3] 中国环境监测总站. 国家地表水环境质量监测网监测任务作业指导书（试行）. 2017.

[4] 环境保护部. 水质　采样技术指导：HJ 494—2009. 北京：中国环境科学出版社，2009.

[5] 国家环境保护总局. 地表水和污水监测技术规范：HJ/T 91—2002. 北京：中国环境科学出版社，2002.

[6] 中国环境监测总站《环境水质监测质量保证手册》编委会. 环境水质监测质量保证手册. 2 版. 北京：化学工业出版社，1994.

[7] 国家环境保护总局《水和废水监测分析方法》编委会. 水和废水监测分析方法.4 版. 北京：中国环境科学出版社，2002.

第六章　pH

一、填空题

1. 玻璃电极法测定水中 pH，是利用 pH 复合电极电动势随________________变化而发生偏移来测定水样 pH 的。①

答案：氢离子活度

2. 用于常规水样监测的 pH 计，一般可准确至______pH 单位，较精密的 pH 计可准确到______pH 单位。①

答案：0.1　0.01

3. 配制 pH 标准缓冲溶液所用的蒸馏水应煮沸并冷却，以赶除___________，电导率应小于_______μS/ cm，其 pH 以_______～_______为宜。①

答案：二氧化碳　2　6.7　7.3

4. 测定 pH 时，待示值稳定后，_____s 内变化不超过_____pH 单位，可记录测定值。①

答案：10　0.01

5. pH 电极受污染时，可用低于 1 mol/L_______溶解无机盐垢，可用_______溶液溶解钙、镁等难溶性结垢。电极处理后，应在蒸馏水中浸泡_______h 后使用。①

答案：稀盐酸　EDTA 二钠　24

6. pH 的定义是氢离子活度的____________，其表达式为 pH=_______。pH=7.0 时，其氢离子活度为_______；pH=9.0 时，其氢离子活度为_______。①

答案：负对数　$-\lg[H^+]$　10^{-7}　10^{-9}

7. 水样采集后，测量 pH 时应适当进行_______，以使溶液均匀和达到电化学平衡，而在读数时，则应____________，_____________，以使读数稳定。①

答案：搅拌　停止搅动　静置片刻

8. pH 测量常用复合电极法。以___________为指示电极，以___________等为参比电极合在一起组成 pH 复合电极。①

答案：玻璃电极 Ag/AgCl

9. 便携式 pH 计应定期由有资质的部门进行______或______，并提供报告，确保仪器在有效期内使用。①

答案：检定 校准

10. 为提高 pH 测量的准确度，校准仪器时用的标准缓冲溶液的 pH 应与水样的 pH______，一般不超过__________。①

答案：接近 2 个 pH 单位

11. pH=3 的溶液，其$[H^+]$是 pH=5 的溶液的$[H^+]$的______倍。①

答案：100

12. pH 现场标液核查时，核查结果与标准缓冲溶液的标准值相差不应大于±______pH 单位。①

答案：0.03

13. 标准缓冲溶液需在__________条件下保存，一般可保存______个月，但发现有______、______或______等现象时，不能继续使用。①

答案：常温避光 2～3 浑浊 发霉 沉淀

14. ______影响 pH 电极的电位和水的电离平衡。须注意调节仪器的补偿装置与溶液的温度一致，使被测样品与校准仪器用的标准缓冲溶液温度误差在±______℃。①

答案：温度 1

15. 测得某溶液的 pH 为 6.0，其氢离子活度为______mol/L。①

答案：1×10^{-6}

16. 测定水样 pH 时，先用______水认真冲洗电极，再用______冲洗，然后将电极进入样品中，小心摇动或进行搅拌使其均匀，______，待______时记下 pH。①

答案：蒸馏 水样 静置 读数稳定

17. 《地表水环境质量标准》（GB 3838）中，规定Ⅳ类标准的水质 pH 为______。③

答案：6～9

18. 因玻璃电极老化，使 pH 响应不好，可用 6 mol/L______或 20%______溶液浸洗。①

答案：盐酸 氟化氢铵

19. 便携式 pH 计应在每月的采样任务开展前进行 1 次__________。①

答案：仪器校准

二、判断题

1. pH 表示溶液酸的浓度。②（　　）

答案：错误

正确答案为：pH 表示溶液的酸碱性强弱程度。

2. 用标准缓冲溶液校准 pH 仪器时，每次更换标准缓冲溶液应用蒸馏水彻底冲洗电极并用滤纸吸干。①（　　）

答案：正确

3. pH 仪器校准时，将电极洗净并甩干，浸入 pH=6.86 的标准溶液中校准后，浸入第二种标准溶液（pH 为 4.00 或 9.18）中校准。之后，再次浸入 pH=6.86 标准溶液中时，如果误差超过 0.03 pH，则需重复校准步骤，直至在两种标准缓冲溶液中都能显示正确 pH。①（　　）

答案：错误

正确答案为：如果误差超过 0.02 pH，则需重复校准步骤。

4. 某水样现场测定 pH 时，10 s 内测得两次 pH 分别为 7.80、7.82，可取其平均值作为最终结果。①（　　）

答案：错误

正确答案为：10 s 内 pH 变化不应超过 0.01 pH 单位。

5. pH 电极使用需注意出厂日期和使用期限，存放或使用时间过长的电极性能将变劣。①（　　）

答案：正确

6. pH 电极受有机油脂类物质污染时，应用稀乙醇、丙酮、乙醚处理电极。①（　　）

答案：错误

正确答案为：pH 电极受有机油脂类物质污染时，应用稀洗涤剂（弱碱性）处理电极。

7. 用于配制 pH 标准缓冲溶液的蒸馏水，其电导率应低于 2 μS/ cm，pH 为 6.5～8.5。①（　　）

答案：错误

正确答案为：pH 应为 6.7～7.3。

8. 便携式 pH 计在维修或更换后需由有资质的部门进行检定或校准，并提供报告。①

（ ）

答案：正确

9. pH 计复合电极可以长期使用，但需长期泡在纯水中保存，以免损伤电极。①（ ）

答案：错误

正确答案为：不同复合电极构成不同，其浸泡方式会有所不同，须严格按仪器说明书的要求操作，以免损伤电极。

10. pH 标准缓冲溶液在常温、避光处可保存 6 个月，发现有浑浊、发霉或沉淀现象时，不能继续使用。①（ ）

答案：错误

正确答案为：pH 标准缓冲溶液在常温、避光处，一般可保存 2～3 个月，发现有浑浊、发霉或沉淀现象时，不能继续使用。

11. pH 标准缓冲溶液不能重复使用。①（ ）

答案：正确

12. 测定 pH 时，须注意调节仪器与溶液的温度一致，并使被测样品与校准用的标准缓冲溶液温度误差在±1 之内。①（ ）

答案：正确

13. 溶液的 pH 与其 pOH 之和为零。①（ ）

答案：错误

正确答案为：溶液的 pH 与其 pOH 之和为 14。

14. pH 测定时，复合电极（含球泡部分）应全部浸入水样中，小心搅拌或摇动。①（ ）

答案：正确

15. pH 现场监测人员需经过培训，持证上岗。①（ ）

答案：正确

16. pH 电极不能长时间浸泡于被测溶液内，电极使用完毕后，应认真对电极进行清洗。①（ ）

答案：正确

17. pH 标准缓冲溶液的 pH 随着温度的变化而变化。①（ ）

答案：正确

18. 现场测定 pH 时，标准缓冲溶液核查结果与标准值相差不大于±0.05 pH 单位，方可进行样品测试。①（ ）

答案：错误

正确答案为：现场测定 pH 时，标准缓冲溶液核查结果与标准值相差不大于 ±0.03 pH 单位，方可进行样品测试。

三、选择题

1. 现有 A、B 两种水样，已知 A 水样 pH=2.0，B 水样 pH=6.0。A 水样氢离子活度是 B 水样氢离子的近似_______倍。①（　　）

   A. 3　　B. 1 000　　C. 10 000

答案：C

2. 常用的 pH 计以_______为电极，它起到_______的作用。①（　　）

   A. 玻璃电极，盐桥　B. 甘汞电极，盐桥　C. 甘汞电极，参比

答案：A

3. pH 电极受无机盐垢污染时，可用_______去除。①（　　）

   A. 1 mol/L 稀硫酸　B. 1 mol/L 稀盐酸　C. 1 mol/L 稀硝酸

答案：B

4. pH 原位测定时，pH 计电极到达待测深度，静置，待示值稳定，10 s 内变化不超过_______pH 单位，可记录测试值。①（　　）

   A. 0.01　B. 0.02　C. 0.03

答案：A

5. 配制 pH 标准缓冲溶液所用的蒸馏水电导率应小于_______S/ cm。①（　　）

   A. 1×10^{-6}　　B. 2×10^{-6}　　C. 3×10^{-6}

答案：B

6. 配制 pH 标准缓冲溶液所用的蒸馏水 pH 应以_______为宜。①（　　）

   A. 6.5～8.5　　B. 6.0～8.0　　C. 6.7～7.3

答案：C

7. pH 是溶液中_______离子_______的负对数。①（　　）

   A. 氢，浓度　　B. 氢，活度　　C. 氢氧根，活度

答案：B

8. 若被测水样 pH 约为 5，应选用_______和_______的标准缓冲溶液校准仪器。①（　　）

   A. 6.86，9.18　　B. 6.86，4.00　　C. 4.00，9.18

答案：B

9. 当溶液的 pH=3 时，其水中氢离子活度为______mol/L。①（　　）

A. 0.003　　B. 3　　C. 0.001

答案：C

10. 若被测水样 pH 为 7～8，应选用_______和_______的标准缓冲溶液校准仪器。①（　　）

A. 6.86，9.18　　B. 6.86，4.00　　C. 4.00，9.18

答案：A

11. pH 表示_______。①（　　）

A. 酸的浓度　　B. 碱的浓度　　C. 酸碱性强弱程度

答案：C

12. _______影响 pH 电极的电位和水的电离平衡。①（　　）

A. 气温　　B. 气压　　C. 水温

答案：C

13. 测定 pH 时，须调节 pH 仪器的补偿装置与溶液的温度一致，使被测样品与校准仪器用的标准缓冲溶液温度误差在_______℃。①（　　）

A. ±1　　B. ±2　　C. ±3

答案：A

14. pH 越小，_______。①（　　）

A. 碱性越强　　B. 酸性越强　　C. 酸碱性越强

答案：B

15. pH 标准缓冲溶液在常温避光条件下一般可保存_______个月。①（　　）

A. 2～3　　B. 3～4　　C. 5～6

答案：A

四、问答题

1. 测量 pH 前，如何进行 pH 计的校准？①

答案：按照 pH 计使用说明书操作步骤进行校准，并做好校准记录。具体操作步骤为：

（1）将电极洗净并甩干，浸入 pH＝6.86（25℃）标准溶液中，待示值稳定后，按确认键使仪器示值为 6.86。

（2）取出电极在蒸馏水中洗净甩干，浸入第二种标准溶液（4.00 或 9.18，25℃）

中。待示值稳定后，按“确认键”，使仪器示值为第二种标准溶液的 pH。

（3）取出电极洗净并甩干，再浸入 pH＝6.86 缓冲溶液中。如果误差超过 0.02 pH，则重复第（1）、第（2）步骤，直至在两种标准溶液中都能显示正确 pH。用标准溶液校准仪器时，每次更换标准缓冲溶液应用蒸馏水彻底冲洗电极并用滤纸吸干。

2. 用pH计测定pH的过程中，需更换标准缓冲溶液或测定样品时，应注意哪些问题？ ①

答案：更换标准缓冲溶液或测定样品时，应用蒸馏水彻底冲洗电极，并用滤纸吸干，再用待测液淋洗，以消除相互影响。

3. 采集待测水样后，在测量 pH 的过程中，应注意哪些问题？①

答案：采集待测水样后，将采集的样品倒入经水样润洗过的烧杯中，然后将电极缓慢插入样品中，小心摇动或进行搅动使其均匀，静置，待示值稳定后（10 s 内变化不超过 0.01 pH 单位），记录测试值。测定时，复合电极（含球泡部分）应全部浸入水样中，小心搅拌或摇动。

4. 温度对 pH 的测定有何影响？如何消除？误差应控制在什么范围？①

答案：温度影响电极的电位和水的电离平衡。要注意调节仪器的补偿装置与溶液的温度一致，并使被测样品与校正仪器的标准缓冲溶液误差在±1℃之内。

5. 简述电极法测定水中 pH 的主要步骤。 ①

答案：（1）开机启动仪器，检查电极是否正常，将温度补偿旋钮调至水温度处。

（2）现场标液核查：选择一种 pH 接近于待测水样的缓冲溶液，倒入聚乙烯烧杯中，取出电极用蒸馏水冲洗干净并用滤纸吸干，将电极浸入标准缓冲溶液中，小心搅拌或摇动，待示值稳定后（10 s 内变化不超过 0.01 pH 单位），记录核查结果。核查结果与缓冲溶液的标准值相差不应大于±0.03 pH 单位方可进行样品监测。否则需要进行原因排查和异常排除，并再次进行标液核查，直至核查合格。

（3）测定样品：用聚乙烯（或聚四氟乙烯）烧杯取出水样并冲洗电极，重新取出水样后，将电极缓慢插入水样中，小心搅拌或摇动，待示值稳定后（10 s 内变化不超过 0.01 pH 单位），记录测试值。

（4）测试结束后，关闭仪器，用蒸馏水冲洗电极，用滤纸吸干，并妥善包装存放。

五、计算题

1. 若某水样的氢离子活度为 5×10^{-5} mol/L，问该水样的 pH 等于多少？

答案：$pH=-\lg[5\times10^{-5}]=4.30$。

2. 设有 50 ml 和 20 ml 两份水样，分别测得 pH 为 5.0 和 7.0，若将两份水样混合，问混合后的水样的 pH 是多少？

答案：$pH=-\lg[(50\times10^{-5}+20\times10^{-7})/(50+20)]=5.14$。

参考文献

[1] 中国环境监测总站. 国家地表水环境质量监测网采测分离　现场监测技术导则. 2017.

[2] 国家环境保护总局《水和废水监测分析方法》编委会. 水和废水监测分析方法. 4 版. 北京：中国环境科学出版社，2002.

[3] 国家环境保护总局，国家质量监督检验检疫总局. 地表水环境质量标准：GB 3838—2002. 北京：中国环境科学出版社，2002.

第七章 溶解氧-覆膜电极法/荧光法

一、填空题

1. 膜电极溶氧仪测定水中溶解氧时，水中存在的一些气体和蒸气，例如__________、__________、__________、溴和碘等物质，通过膜扩散影响被测电流而干扰测定。①

答案：氯、二氧化硫、硫化氢、胺、氨、二氧化碳（列出其中 3 种即可）

2. 荧光法溶解氧探头会受到________、________、气态二氧化硫和氯气的影响，但二氧化碳、氨、任何离子类物质均不会对荧光淬灭法溶解氧探头的测量造成干扰。①

答案：乙醇　双氧水

3. 天然水中溶解氧的饱和含量与空气中氧的________、________以及_______有密切关系。③

答案：分压　大气压　水温

4. 根据《水质　溶解氧的测定　电化学探头法》（HJ 506—2009）测定水中溶解氧时，用的电极分别是____________和____________两种类型。②

答案：原电池型（例如铅/银）　极谱型（例如银/金）

5. 覆膜电极法测定水中溶解氧：将探头浸入水样中，不能有________截留在膜上，停留足够的时间，待_________与__________达到平衡，且数字显示稳定时读数。①

答案：空气泡　探头温度　水温

6. 覆膜电极法测定溶解氧时仪器达到稳定所需要的时间取决于电解质中________消耗所需要的时间。①

答案：溶解氧

7. 校准溶解氧仪制备水饱和的空气：在干净的 250 ml 细口瓶中加入约_______ml 的蒸馏水，盖上瓶盖，快速摇晃_______s，之后在室温下平衡_______min 使溶解氧达到稳定。①

答案：10　30　30

8. 覆膜电极法测定水中溶解氧时，水样中的其他物质如_______、_______、_______、碳酸盐和藻类等物质可能堵塞薄膜、引起薄膜损坏和电极腐蚀，影响被测电流而干扰测定。①

答案：溶剂　油类　硫化物

9. 荧光法溶解氧探头在维护时：禁止使用__________浸泡或擦拭探头。①

答案：有机溶剂

10. 荧光法溶解氧探头清洗时：由于水中_______、_______或其他污染物会对测量结果有一定影响，测量完毕后，及时冲洗探头。①

答案：浊度　盐度

11. 饱和溶氧水：在指定温度条件下，以一定流量将空气通入蒸馏水并使其中的溶解氧达到饱和，静置一段时间使溶解氧达到稳定（通常，500 ml 水需要_______min）。①

答案：10～20

12. 溶解氧无氧水的配制：将约_______g 的无水亚硫酸钠溶于蒸馏水，加蒸馏水至_______ml，加入少量二价钴盐。使用时配制。①

答案：25　500

13. 溶氧仪在做重复性试验时，多次测量结果计算的标准偏差≤_______mg/L。④

答案：0.2

14. 在溶解氧的日常维护中要注意各试剂、校准液的__________和____________，过期和失效试剂不得使用。①

答案：保质期　保存条件

15. 溶解氧覆膜电极的再生包括更换____________、____________和______________。①

答案：溶解氧膜罩　电解液　清洗电极

16. 膜电极法测溶解氧，将探头浸入水中进行溶解氧的测定时由于电池作用（迦伐尼电池式或电流式）或外加电压（极谱式）在两个电极间产生电位差，使金属离子在阳极进入溶液，同时氧气通过薄膜扩散在阴极获得电子被还原，产生的电流与穿过薄膜和电解质层的氧的传递速度成_______。①

答案：正比

17. 《水质　溶解氧的测定　电化学探头法》（HJ 506）标准规定了测定地表水、地下水、生活污水、____________和______中溶解氧的电化学探头法。②

答案：工业废水　盐水

18.《水质　溶解氧的测定　电化学探头法》(HJ 506)规定，干燥的膜片在使用前应该用_______水湿润活化。②

答案：蒸馏

19. 在做溶解氧线性检查时，探头法测定的溶解氧浓度值与碘量法在显著性水平为_______%时无显著性差异，则认为探头的响应呈线性。否则，应查找偏离线性的原因。②

答案：5

20. 溶解氧仪在做实际水样比对时，选择 3 种或 3 种以上实际水样，其浓度分别覆盖低浓度_______mg/L、中浓度_______mg/L 和高浓度_______mg/L。④

答案：0～2　2～5　＞6

21. 在便携式溶解氧测定仪的性能指标测试时，水温分别调节至_______℃、_______℃、_______℃，将校准后的溶解氧测定仪的探头和标准温度计同时置于恒温水浴（槽）中，使探头与标准温度计处于同一水浴相近位置进行测量。④

答案：10　20　30

22. 在进行便携式溶解氧测定仪的测温误差测试时，分别调节至 3 种规定水温，将校准后的溶解氧测定仪的探头和标准温度计同时置于恒温水浴（槽）中，使探头与标准温度计处于同一水浴相近位置进行测量。每个温度点重复_______次，计算测量结果测温误差。④

答案：3

23. 溶氧仪的重复性测量时将探头浸入饱和溶氧水，在轻轻摆动（荧光法仪器无须摆动）的同时，每隔_______min 测定一次，连续_______次。④

答案：5　6

24. 每个监测断面测量前需使用水饱和的空气进行饱和溶解氧核查，核查结果与饱和溶解氧浓度值相差不应大于±_______mg/L 方可进行样品监测，否则需要进行原因排查和异常排除，直至饱和溶解氧核查合格。①

答案：0.5

25. 荧光法溶氧仪测量范围为_______mg/L，最小分度值≤_______mg/L。④

答案：0～20　0.1

26. 进行膜电极溶解氧测试时，将溶解氧电极浸入水样中，停留足够的时间，相关参数达到平衡，然后往复移动探头，同时观察测量值，待仪表上显示的溶解氧测试值稳定后（10 s 内变化不超过_______mg/L）记录测试值。①

答案：0.1

27. 电解液和膜的更换：每隔一定时间或当膜被损坏和污染时，需要更换溶解氧膜罩并补充新的填充电解液。如果膜未被损坏和污染，一般_______个月更换一次填充电解液。①

答案：2

28. 溶解氧仪电极和膜片的清洗：若膜片和电极上有污染物，会引起测量误差，一般_______周清洗一次。①

答案：1～2

29. 测量水中溶解氧时，当水中含盐量大于等于_______g/kg 时，需要对仪器读数进行修正。②

答案：3

30. 溶氧仪在做重复性试验时，多次测量结果计算的标准偏差应≤_______mg/L。④

答案：0.2

二、判断题

1. 水中氧的溶解度在给定的温度、盐分条件下随大气压加大而增加。②（　　）

答案：正确

2. 对于覆膜电极溶解氧测定仪，干燥的膜片在使用前应该用自来水湿润活化。①（　　）

答案：错误

正确答案为：对于覆膜电极溶解氧测定仪，干燥的膜片在使用前应该用蒸馏水湿润活化。

3. 水中氧的溶解度在给定的大气压下随温度增加，溶解度变大。②（　　）

答案：错误

正确答案为：水中氧的溶解度在给定的大气压下随温度增加，溶解度变小。

4. 覆膜电极溶解氧测定仪应每半年送计量所或有资质的单位参照《覆膜电极溶解氧测定仪》（JJG 291—2008）等标准进行检定或校准，检定或校准合格后方可使用。①（　　）

答案：错误

正确答案为：覆膜电极溶解氧测定仪应每年送计量所或有资质的单位参照《覆膜

电极溶解氧测定仪》（JJG 291—2008）等标准进行检定或校准，检定或校准合格后方可使用。

5. 测定溶解氧时，水样中的其他物质（如碳酸盐和藻类等）可能堵塞薄膜、引起薄膜损坏和电极腐蚀，影响被测电流而干扰测定。①（　　）

答案：正确

6. 覆膜电极溶解氧测定仪探头内有一个用选择性薄膜封闭的小室，室内有两个金属电极并充有电解质。氧和一定数量的其他气体及亲液物质可透过这层薄膜，但水和可溶性物质的离子几乎不能透过这层膜。①（　　）

答案：正确

7. 在做溶解氧线性检查时，探头法测定的溶解氧浓度值与碘量法在显著性水平为 10%时无显著性差异，则认为探头的响应呈线性。否则，应查找偏离线性的原因。②（　　）

答案：错误

正确答案为：溶解氧在做线性检查时，探头法测定的溶解氧浓度值与碘量法在显著性水平为 5%时无显著性差异，则认为探头的响应呈线性。否则，应查找偏离线性的原因。

8. 每个监测断面测量前需使用水饱和的空气进行饱和溶解氧核查，每次核查须填写记录，核查结果与饱和溶解氧浓度值相差不应大于±0.6 mg/L 方可进行样品监测。①（　　）

答案：错误

正确答案为：核查结果与饱和溶解氧浓度值相差不应大于±0.5 mg/L 方可进行样品监测。

9. 覆膜电极溶氧测定仪在维修或更换电极后，使用前需进行单位内部校准确认后才能使用。①（　　）

答案：错误

正确答案为：覆膜电极溶解氧测定仪在维修或更换电极后，使用前需由有资质的部门进行检定或校准，并提供报告。

10. 在使用的所有便携式溶解氧测定仪监测水样时，都应采用相应仪器测试获得当前水样的温度、含盐量和环境气压等参数，并输入仪器进行检查，核对无误后进行下一步的水样测试。①（　　）

答案：错误

正确答案为：若使用的便携式溶解氧测定仪有水温、含盐量、气压等自动补偿功能的，则直接进入测试步骤。

11. 荧光法溶解氧监测原理中，蓝光照射到荧光物质上使荧光物质激发并发出红光，由于氧分子可以带走能量（猝灭效应），所以激发的红光的时间和强度与氧分子的浓度成正比。①（ ）

答案：错误

正确答案为：激发的红光的时间和强度与氧分子的浓度成反比。

12. 溶解氧校准过程中，如果探头在零点校准后变得反应迟缓或读数不准确，可能是因为探头上零氧溶液没有清除干净。需要在清水中彻底浸湿和清洗探头，以清除零氧溶液，恢复探头性能。④（ ）

答案：正确

13. 在平衡的条件下，被空气饱和的水中氧的分压等于被水饱和的空气中氧的分压。因此，溶解氧探头在水中校准和在空气中校准是一样的。④（ ）

答案：正确

14. 覆膜电极溶解氧测定仪探头的膜接触样品时，样品要保持一定的流速，防止与膜接触的瞬间将该部位样品中的溶解氧耗尽，使读数发生波动。②（ ）

答案：正确

15. 根据《水质 溶解氧的测定 电化学探头法》（HJ 506）线性检查要求，新仪器投入使用前、更换电极或电解液以后，应检查仪器的线性，一般每隔 3 个月运行一次线性检查。②（ ）

答案：错误

正确答案为：一般每隔 2 个月运行一次线性检查。

16. 覆膜电极溶解氧测定仪装配膜电极时，如膜内有气泡，可用手将膜抹平来赶走气泡。①（ ）

答案：错误

正确答案为：覆膜电极法溶解氧仪装配膜电极时，任何时候都不得用手触摸膜的活性表面。

17. 《水质 溶解氧的测定 电化学探头法》（HJ 506）标准只能测定水中饱和百分率为 0%～100%的溶解氧。②（ ）

答案：错误

正确答案为：还可测量高于 100%（20 mg/L）的过饱和溶解氧。

18. 水体中有许多有机和无机还原性物质时，水体中溶解氧会降低。③（　　）

答案：正确

19. 荧光法溶解氧探头清洗时必须将探头放入自来水中涮洗，注意不要损坏荧光涂层。①（　　）

答案：错误

正确答案为：荧光法溶解氧探头清洗时必须将探头放入清水中涮洗，注意不要损坏荧光涂层。

20. 溶解氧仪在每个监测断面测量前需使用水饱和的空气进行饱和溶解氧核查，如核查不通过，需要进行原因排查和异常排除，并再次进行饱和溶解氧核查，直至饱和溶解氧核查合格。①（　　）

答案：正确

21. 在《便携式溶解氧测定仪技术要求及检测方法》（HJ 925—2017）中，零值误差性能检测方法为：将经校准的溶解氧测定仪的探头置于（20±1）℃的无氧水中，计时至10 min，记录溶解氧测定仪的示值，即为零值误差。④（　　）

答案：错误

正确答案为：在《便携式溶解氧测定仪技术要求及检测方法》（HJ 925—2017）中，零值误差性能检测方法为：将经校准的溶解氧测定仪的探头置于（20±1）℃的无氧水中，计时至 5 min，记录溶解氧测定仪的示值，即为零值误差。

22. 在《便携式溶解氧测定仪技术要求及检测方法》（HJ 925—2017）中响应时间性能检测方法将探头从无氧水移入（20±1）℃的饱和溶氧水或水饱和的空气，测定显示值达到饱和溶氧水浓度 95%时所需要的时间。④（　　）

答案：错误

正确答案为：测定显示值达到饱和溶氧水浓度 90%时所需要的时间。

23. 溶解氧取样监测，如需在实验室进行分样，为了保证样品均匀，要用分液漏斗快速分样。①（　　）

答案：错误

正确答案为：如需分样，则在分样时注意将分水管插入样品瓶底部，慢速放出水样，不要产生气泡。

24. 在《便携式溶解氧测定仪技术要求及检测方法》（HJ 925—2017）中，表 1 便携式溶

解氧测定仪的性能指标测温误差为±0.1℃。④（　　）

答案：错误

正确答案为：在《便携式溶解氧测定仪技术要求及检测方法》（HJ 925—2017）中，表 1 便携式溶解氧测定仪的性能指标测温误差为±0.5℃。

25. 溶氧仪的重复性测量是指在相同的条件下，进行多次测量，所获得的溶解氧测量值之间的一致程度，用多次测量值的最大误差表示。④（　　）

答案：错误

正确答案为：溶氧仪的重复性测量是指：在相同的条件下，进行多次测量，所获得的溶解氧测量值之间的一致程度，用多次测量值的标准偏差来表示。

26. 饱和溶氧水是指在指定温度条件下，以一定流量将空气通入蒸馏水并使其中的溶解氧达到饱和，静置一段时间使溶解氧达到稳定（通常 500 ml 水需要 5～10 min）。①（　　）

答案：错误

正确答案为：通常 500 ml 水需要 10～20 min。

27. 膜电极法测溶解氧，将探头浸入水中进行溶解氧的测定时，由于电池作用（迦伐尼电池式或电流式）或外加电压（极谱式）在两个电极间产生的电位差，使金属离子在阳极进入溶液，同时氧气通过薄膜扩散在阴极获得电子被还原，产生的电流与穿过薄膜和电解质层的氧的传递速度成反比。①（　　）

答案：错误

正确答案为：产生的电流与穿过薄膜和电解质层的氧的传递速度成正比。

28. 溶氧仪的重复性测量时，将探头浸入饱和溶氧水，在轻轻摆动（荧光法仪器无须摆动）的同时，每隔 3 min 测定一次，连续 5 次。④（　　）

答案：错误

正确答案为：溶氧仪的重复性测量时，将探头浸入饱和溶氧水，在轻轻摆动（荧光法仪器无须摆动）的同时，每隔 5 min 测定一次，连续 6 次。

29. 在进行便携式溶解氧测定仪的测温误差测试时，分别调节至 3 种规定水温，将校准后的溶解氧测定仪的探头和标准温度计同时置于恒温水浴（槽）中，使探头与标准温度计处于同一水浴相近位置进行测量。每个温度点重复 2 次，计算测量结果测温误差。④（　　）

答案：错误

正确答案为：每个温度点重复 3 次，计算测量结果测温误差。

三、选择题

1. 饱和溶氧水是在指定温度条件下，以一定流量将空气通入蒸馏水并使其中的溶解氧达到饱和，静置一段时间使溶解氧达到稳定（通常 200 ml 水需要_______min）。①（　　）

A. 5～10　　B. 10～15　　C. 15～20　　D. 20～25

答案：A

2. 膜电极溶解氧测试时，将溶解氧电极浸入水样中，停留足够的时间，相关参数达到平衡，然后往复移动探头，同时观察测量值，待仪表上显示的溶解氧测试值稳定后（10 s 内变化不超过_______mg/L）记录测试值。①（　　）

A. 0.1　　B. 0.2　　C. 0.3　　D. 0.4

答案：A

3. 溶解氧仪每隔一定时间或当膜被损坏和污染时，需要更换溶解氧膜罩并补充新的填充电解液。如果膜未被损坏和污染，建议_______个月更换一次填充电解液。①（　　）

A . 1　　B . 2　　C . 3　　D. 6

答案：B

4. 溶解氧仪电极和膜片的清洗：若膜片和电极上有污染物，会引起测量误差，一般_______清洗一次。①（　　）

A. 1～2 周　　B. 3～4 周　　C. 1 个月　　D. 2 个月

答案：A

5. 测量水中溶解氧时，当水中含盐量大于等于_______g/kg 时，需要对仪器读数进行修正。②（　　）

A. 1　　B. 2　　C. 3　　D. 5

答案：C

6. 测定溶解氧时：对于流动样品（例如河水），应检查水样是否有足够的流速，若水流速低于_______m/s，需在水样中往复移动探头，或者取分散样品进行测定。①（　　）

A. 0.2　　B. 0.3　　C. 0.4　　D. 0.5

答案：B

7. 水中氧的溶解度随着含盐量的增加而减少，总盐量在_______g/kg 以下时，二者呈线性关系。②（　　）

A. 25　　B. 30　　C. 35　　D. 40

答案：C

8. 饱和溶氧水是在指定温度条件下，以_______L/min 的流量将空气通入蒸馏水并使其中的溶解氧达到饱和，静置一段时间使溶解氧达到稳定。①（　　）

A. 0.5　　B. 1.0　　C. 1.5　　D. 2.0

答案：B

9. 溶解氧仪在做重复性试验时，多次测量结果计算的标准偏差不得≤_______mg/L。④（　　）

A. 0.2　　B. 0.3　　C. 0.4　　D. 0.5

答案：A

10. 在做溶解氧线性检查时，探头法测定的溶解氧浓度值与碘量法在显著性水平为_______时无显著性差异，则认为探头的响应呈线性。否则，应查找偏离线性的原因。②（　　）

A. 2%　　B. 3%　　C. 5%　　D. 10%

答案：C

11. 覆膜电极溶解氧测定仪干燥的膜片在使用前应该用_______活化。①（　　）

A. 清水　　B. 蒸馏水　　C. 去离子水

答案：B

12. 《水质　溶解氧的测定　电化学探头法》（HJ 506—2009）中零点检查和调整：当测量的溶解氧质量浓度水平低于_______mg/L 时，或者当更换溶解氧膜罩或内部的填充电解液时，需要进行零点检查和调整。若仪器具有零点补偿功能，则不必调整零点。②（　　）

A. 0.5　　B. 1　　C. 1.5　　D . 2

答案：B

13. 溶解氧仪校准时，需要控温准确度为±_______℃的恒温水浴（槽）。①（　　）

A. 0.1　　B. 0.2　　C. 0.3　　D. 0.5

答案：B

14. 在测试便携式溶解氧测定仪的性能指标时，零值误差允许值为±_______mg/L。④（　　）

A. 0.1　　B. 0.2　　C. 0.3　　D. 0.5

答案：A

15. 在测试便携式溶解氧测定仪的性能指标时，示值误差允许值为±_______mg/L。④（　　）

A. 0.1　　B. 0.2　　C. 0.3　　D. 0.5

答案：D

16. 每个监测断面测量前需使用水饱和的空气进行饱和溶解氧核查，每次核查须填写记录，核查结果与饱和溶解氧浓度值相差不应大于±_______mg/L 方可进行样品监测。①（　　）

A. 0.2　　B. 0.3　　C. 0.5　　D. 0.6

答案：C

17. 溶解氧指溶解在水中的_______氧，通常记作 DO。②（　　）

A. 分子态　　B. 离子态　　C .化合态　　D. 组合态

答案：A

18. 溶解氧测定时，薄膜对气体的渗透性受_______变化的影响较大，要采用数学方法对其进行校正，也可在电路中安装相关元件对其变化进行自动补偿。②（　　）

A. 温度　　B. 气压　　C. 盐度

答案：A

19. 有一溶氧仪无温度补偿功能，其校准温度为 25℃时氧的溶解度为 8.3 mg/L，测量温度为 10℃时氧的溶解度为 11.3 mg/L，测量时仪器的读数为 7.0 mg/L。估算 10℃时实测溶解氧的质量浓度_______mg/L。②（　　）

A. 小于 8.3　　B. 8.3～11.3　　C. 大于 11.3

答案：B

20. 《水质 溶解氧的测定 电化学探头法》（HJ 506—2009）规定：新仪器投入使用前、更换电极或电解液以后，应检查仪器的线性，一般每隔_______个月运行一次线性检查。②（　　）

A. 1　　B. 2　　C. 3　　D. 6

答案：B

21. 当电极的线性不合格时，就需要对电极进行再生。电极的再生约_______个月 1 次。②（　　）

A. 2　　B. 3　　C. 6　　D. 12

答案：D

22. 在测试便携式溶解氧测定仪的性能指标时，响应时间应小于_______s。④（　　）

A. 30　　B. 60　　C . 120　　D. 180

答案：B

23. 在测试便携式溶解氧测定仪的性能指标时，实际水样比对误差应小于_______mg/L。④（　　）

A. 0.1　　B. 0.2　　C. 0.5　　D. 0.6

答案：D

24. 在便携式溶解氧测定仪的性能指标要求中，测温误差应在±_______℃内。④（　　）

A. 0.1　　B. 0.2　　C. 0.5　　D. 0.6

答案：C

25. 在测试便携式溶解氧测定仪的性能指标示值误差时，分别调节至 3 种规定水温，在每一个温度点使其成为饱和溶氧水。将探头由空气中放入恒温水浴并轻轻摆动（荧光法仪器无须摆动），稳定后读取示值，重复测量_______次，计算测量结果示值误差。④（　　）

A. 2　　B. 3　　C. 5　　D. 6

答案：A

26. 测_______和有机污染物等项目时的水样，必须注满容器。③（　　）

A. 氰化物　　B. 挥发酚　　C. 硫化物　　D. 油类

答案：C

27. 在《便携式溶解氧测定仪技术要求及检测方法》（HJ 925—2017）中，零值误差性能检测方法为：将经校准的溶解氧测定仪的探头置于（20±1）℃的无氧水中，计时至_______min，记录溶解氧测定仪的示值，即为零值误差。④（　　）

A. 3　　B. 5　　C. 10　　D. 15

答案：B

28. 在《便携式溶解氧测定仪技术要求及检测方法》（HJ 925—2017）中，响应时间性能检测方法为：将探头从无氧水移入（20±1）℃的饱和溶氧水或水饱和的空气，测定显示值达到饱和溶氧水浓度_______%时所需要的时间。④（　　）

A . 80　　B. 90　　C . 95　　D. 100

答案：B

29. 在《便携式溶解氧测定仪技术要求及检测方法》（HJ 925—2017）中，表 1 便携式溶

解氧测定仪的性能指标测温误差为±______℃。④（　　）

A. 0.1　　B. 0.2　　C. 0.5　　D. 1

答案：C

四、问答题

1. 简述覆膜电极溶解氧测定仪测定溶解氧的原理。④

答案：覆膜电极法是根据氧分子透过选择性薄膜的扩散速率来测定水中溶解氧的含量。

2. 简述荧光法溶氧仪测定溶解氧的原理。④

答案：荧光法是根据氧分子对荧光物质的猝灭效应原理来测定水中溶解氧的含量。

3. 在便携式溶解氧测定仪的性能指标测试中，重复性如何做？④

答案：将探头浸入饱和溶氧水，在轻轻摆动（荧光法仪器无须摆动）的同时，每隔 5 min 测定一次，连续 6 次。记录各次的测量值，计算测量结果的标准偏差。

4. 在便携式溶解氧测定仪的性能指标测试中，示值误差如何做？④

答案：将恒温水浴的温度分别调节至 10℃、20℃、30℃，在每一个温度点使其成为饱和溶氧水。将探头由空气中放入恒温水浴并轻轻摆动（荧光法仪器无须摆动），稳定后读取示值，重复测量 2 次，计算平均值。计算平均值与标准测量值（初次检定时）或理论值（后续检定时）之差，即为测量误差。取误差最大的为仪器的溶解氧示值误差。

5. 简述如何校准饱和溶解氧。①

答案：将电极浸入饱和溶氧水或水饱和的空气中，在用磁力搅拌器搅拌（仅测定饱和溶氧水时）的同时，待显示值稳定后，测定饱和溶氧水或水饱和的空气的温度（准确至±0.1℃），根据 HJ 506 附录 A.1 中的饱和溶解氧浓度值调整显示值。

6. 简述如何确定便携式溶解氧测定仪的性能指标测试中的测温误差。④

答案：水温分别调节至 10℃、20℃、30℃，将校准后的溶解氧测定仪的探头和标准温度计同时置于恒温水浴（槽）中，使探头与标准温度计处于同一水浴相近位置进行测量，每个温度点重复 3 次，测温误差等于仪器测量值平均值减标准温度计测量值平均值。

7. 简述膜电极法测量水中溶解氧时保持一定流速的原因。②

答案：为防止水样与膜接触的瞬间将该部位样品中的溶解氧耗尽而出现错误的读数。

8. 简述溶解氧监测取样应注意的事项。①

答案：采集水样时，要注意不使水样曝气或有气泡残存在采样瓶中。采样时，以水样冲洗溶解氧瓶后，沿瓶壁缓缓倒入水样或用虹吸法将采样管插入溶解氧瓶底部，注入水样至溢流出瓶容积的 1/3～1/2。

9. 简述荧光法溶解氧探头的保存要求。①

答案：探头应在干燥条件下保存，储存帽中放有干燥剂，当干燥剂变为粉红色时应及时更换。

10. 简述在便携式溶解氧测定仪的性能指标测试时，如何确定零值误差。④

答案：将经校准的溶解氧测定仪的探头置于（20±1）℃的无氧水中，计时至 5 min，记录溶解氧测定仪的示值，即为零值误差。

11. 简述如何检查溶氧仪的线性。②

答案：通过测定一系列不同浓度蒸馏水样品中溶解氧的浓度来检查仪器的线性。向 3～4 个 250 ml 完全充满蒸馏水的细口瓶中缓缓通入氮气，去除水中氧气，用探头时刻测量剩余的溶解氧含量，直到获得所需溶解氧的近似质量浓度，然后立刻停止通氮气，用 GB 7489 方法测定水中准确的溶解氧质量浓度。若探头法测定的溶解氧浓度值与碘量法在显著性水平为 5%时无显著性差异，则认为探头的响应呈线性。否则，应查找偏离线性的原因。

12. 经常使用的溶解氧探头如何存放？④

答案：经常使用的溶解氧探头建议存放在存有蒸馏水或吸水物（吸满蒸馏水）的容器中的储存帽中（但探头不应浸入水中），以保持膜片的湿润。

13. 简述什么是溶氧仪的测温误差。④

答案：将溶氧仪探头和标准温度计同时放入温度恒定的水中测量水温，仪器测量值和标准温度计测量值之间的差异。

14. 溶解氧测定的无氧水配制时，其中二价钴盐溶液如何配制？④

答案：称取 0.10 g 二价钴盐，用 1%盐酸溶解，溶解后移至 100 ml 容量瓶中，加 1%盐酸定容至标线，混匀待用。

15. 简述溶解氧仪在进行测量响应时间时测量时的注意事项。④

答案：测量响应时间时，应在测量无氧水前将溶解氧测定仪的保护罩摘除，避免将无氧水引入饱和溶氧水中引起误差。

16. 如果电极在零点校准后变得反应迟缓或读数不准确，可能是什么原因？如何解决？④

答案：可能是因为电极上零氧溶液没有清除干净，应将探头放入清水中涮洗，确保示值恢复正常。

参考文献

[1] 中国环境监测总站. 国家地表水环境质量监测网采测分离 现场监测技术导则. 2017.

[2] 环境保护部. 水质 溶解氧的测定 电化学探头法：HJ 506—2009. 北京：中国环境科学出版社，2009.

[3] 国家环境保护总局《水和废水监测分析方法》编委会. 水和废水监测分析方法.4 版. 北京：中国环境科学出版社，2002.

[4] 环境保护部. 便携式溶解氧测定仪技术要求及检测方法：HJ 925—2017. 北京：中国环境集团，2017.

第八章　电导率/盐度

一、填空题

1. 电导率是以数字表示________________的能力，其与_______互为倒数关系。③

答案：溶液传导电流　　电阻率

2. 电导率标准单位是 S/m（西门子/米），常用单位 μS/ cm，换算关系为 1S/m=_________ μS/ cm。①③

答案：10 000

3. 测量电导率时，如遇有干扰时，可先测_______，再测____________，以了解干扰情况。③

答案：水样　　校准溶液

4. 测量盐度与电导率时，进行质控样核查，应选用__________________电导率水平的质控样（现场水样的 0.5～2 倍范围内）。①

答案：接近于现场水样

5. 测量盐度与电导率时，电导率质控样核查误差不应超过_______。①

答案：±1%

6. 水中的_________、_________等物质可能会干扰测试，现场测试时应避开。①

答案：悬浮物　油脂

7. 根据监测方案和采样技术导则，电导率的监测方式可分为_____________和原位监测。①

答案：取样监测

8. 电导率随温度变化而变化，温度每升高 1℃，电导率增加约 2%，通常规定_______℃为测定电导率的标准温度。②③

答案：25

9. 实用盐度是通过测量电导率计算得出盐度值，其适用范围为盐度在_______的样品，对盐度低于______的样品可通过氯度测量结果计算盐度。②

答案：2‰～42‰　2‰

10. 盐度仪应定期检定并在有效期内使用，根据使用频次确定合理的检定周期，更换_______或_______时也需校准。②

答案：电极　　电池

11. 通常陆地或船上实验室中测量海水样品的盐度，典型仪器的测量范围为_________，适用温度为________℃。④

答案：2‰～42‰　−2～35

12. 一般实验室用的盐度计分为_________和________。④

答案：感应式　　电极式

13. 测量电导率与盐度时，最好使用____________盛装待测的水样。②

答案：塑料容器

14. 测量电导率与盐度时，应将电极插入水样中，注意电极上的小孔必须__________________。②

答案：浸泡在水面以下

15. 电导率常用于间接推测水中__________的总浓度，水溶液的电导率取决于离子的性质和浓度、溶液的温度和黏度等。③

答案：离子成分

二、判断题

1. 电导是电阻的倒数，因此根据欧姆定律，温度一定时，这个电阻值与电极的间距 L(cm)成正比，与电极的截面积 A（cm^2）成反比，即 $R=\rho L/A$。①（　　）

答案：正确

2. 电导率测量，每天在第一个监测点位前应进行一次标液核查。①（　　）

答案：正确

3. 测量电导率时缓慢搅动电极，同时观察测量值，待仪表上显示的电导率 30 s 内变化不超过 1%时，视为稳定，记录其测定值。①（　　）

答案：错误

正确答案为：10 s 内变化不超过 1%。

4. 电导率测试仪每年应由有资质的部门进行检定或校准，并提供报告，确保仪器在有效期内使用。①（　　）

答案：正确

5. 电导率测试仪在有效期内使用，维修或更换电极无须由有资质的部门进行检定或校准，可直接使用。①（　　）

答案：错误

正确答案为：电导率测试仪在维修或更换电极后需由有资质的部门进行检定或校准，并提供报告。

6. 海水的绝对盐度（SA）是海水中溶质的质量与海水质量的比值，无法直接测量。①（　　）

答案：正确

7. 盐度计法测量原理为：测量海水样品与标准海水在 101 325 Pa 下的电导率比，再查国际海洋常用表，得出海水样品的实用盐度。④（　　）

答案：正确

8. 电导率仪必须保证每月校准一次，更换电极或电池时也需校准。②（　　）

答案：正确

9. 海水的绝对盐度（SA）是海水中溶质的质量与海水质量的比值，很容易直接测量。①（　　）

答案：错误

正确答案为：海水的绝对盐度（SA）是海水中溶质的质量与海水质量的比值，无法直接测量。

10. 日常使用中，需定期清洗电极，及时清理电导率仪电极表面出现的附着物。①（　　）

答案：正确

11. 信号塔、电动机、发电机等会对电导率仪产生电磁干扰，监测时应避开。①（　　）

答案：正确

12. 电导率测试仪在进行水样测试前须进行 1 次质控样核查，以检查仪器性能，并填写各类质控记录。①（　　）

答案：正确

13. 电导率测试仪操作方便且简单，仅须按使用说明书操作测量就可。①（　　）

答案：错误

正确答案为：电导率测试现场监测人员需经过培训，持证上岗。

14. 水溶液的电导率取决于离子的性质和浓度、溶液的温度和黏度。③（　　）

答案：正确

15. 电导率监测，现场测试完成后，应及时关闭仪器，直接包装存放，并做好记录。①（　　）

答案：错误

正确答案为：电导率监测，现场测试完成后，应及时关闭仪器，用纯水清洗电极，用滤纸吸干，妥善包装存放，并做好记录。

三、选择题

1. 水溶液的电导率取决于_______、溶液的温度和黏度。③（　　）

A. 离子的性质和浓度　B. 河道的浓度与流速　C. 样品中微生物

答案：A

2. 电导率测量前仪器校准步骤中应包括_______。①（　　）

A. 零点校准和量程校准　B. 量程校准　C. 零点校准

答案：A

3. 电导率的监测方式可分为_______两种。①（　　）

A. 原位监测与取样监测　B. 原位监测和遥感监测　C. 错位监测和取样监测

答案：A

4. 在进行电导率仪设备校准前，应对校准液进行检查，检查内容不包括_______。①（　　）

A. 保质期和保存条件　B. 校准液的量　C. 采样点位是否准确

答案：C

5. 电导率监测时，观察设备测量值，_______视为试值稳定。①（　　）

A. 10 s 内变化不超过 1%　B. 20 s 内变化不超过 1%　C. 30 s 内变化不超过 1%

答案：A

6. 电导率监测，现场测试完成后，应_______，并做好记录。①（　　）

A. 用自来水清洗电极，用滤纸吸干　B. 用纯水清洗电极，用滤纸吸干

C. 用纯水清洗电极，用纸巾吸干

答案：B

7. 根据地表水样_______选择技术参数合适的盐度仪或电导率仪，两种测量模式可以相

互转换。②（　　）

A. 性状与颜色　　　B. 常见的电导率范围　　　C. 可能的污染情况

答案：B

8. 盐度计适用范围盐度一般为_______，对盐度低于 2‰的样品可通过氯度测量结果计算盐度。②（　　）

A. 2‰～100‰　　　B. 0‰～100‰　　　C. 2‰～42‰

答案：C

9. 盐度计适用范围盐度一般为 2‰～42‰，对盐度_______‰的样品可通过氯度测量结果计算盐度。②（　　）

A. 低于 2　　　B. 低于 10　　　C. 高于 2

答案：A

10. 电导率监测，将电极插入水样中，注意_______必须浸泡在水面以下。②（　　）

A. 电极的前端　　　B. 电极上的小孔　　　C. 电极的前端 1/3 处

答案：B

11. 盐度仪应定期检定并在有效期内使用，根据使用频次确定合理的检定周期，更换_______或电池时也需校准。②（　　）

A. 外壳　　　B. 数据线　　　C. 电极

答案：C

12. 测量电导与盐度时，最好使用_______盛装待测的水样。②（　　）

A. 金属容器　　　B. 塑料容器　　　C. 玻璃容器

答案：B

13. 一般实验室用的盐度计分为电极式和_______。④（　　）

A. 感应式　　　B. 电磁式　　　C. 扫描式

答案：A

14. 新蒸馏水电导率约为 0.5～2 μS/ cm，存放一段时间后，由于空气中的二氧化碳或氨的溶入，电导率会_______。③（　　）

A. 下降　　　B. 上升　　　C. 不变

答案：B

四、问答题

1. 测量电导率时，可能会有哪些干扰？如何判定？应如何去除？①

答案：（1）水样中粗大悬浮物质、油和脂等会干扰测定。

（2）可先测水样，再测标准溶液，以了解干扰情况。

（3）可通过过滤或萃取方式去除悬浮物质、油和脂等干扰。

（4）信号塔、电动机、发电机等引起的电磁干扰，应避开。

2. 简述电导率和盐度测试的步骤。①

答案：（1）开机启动仪器，确认测试仪器可以正常开机。选择合适的测试范围挡位，并检查仪器其他参数设置正确。

（2）每天在第一个监测点位前进行一次标液核查。选用接近现场水样电导率水平的质控样（现场水样的0.5～2倍范围内）对仪器进行1次质控样核查，质控样核查误差不应超过±1%，核查通过后方可使用，并填写各类质控记录。否则需要进行原因排查和异常排除，并再次进行质控样核查，直至质控样核查合格。或使用备用仪器，重新从（1）步骤开始。

（3）原位监测：根据监测方案，在监测断面位置，将电导率测试电极投入水中，达到待测深度，并缓慢搅动电极，同时观察测量值，待仪表上显示的电导率测试值稳定后（10 s内变化不超过1%），记录电导率和盐度的测定值。

（4）取样监测：根据监测方案和采样技术导则采集待测水样，并将水样沿杯壁缓慢倒入容积不小于1 000 ml的清洁聚乙烯烧杯中，即刻开展测试。将电导率测试电极浸入水样中，并缓慢搅动电极，不可产生水花，同时避免电极与烧杯发生碰撞，确保电极与水样充分接触。待仪表上的电导率测试值稳定显示后（10 s内变化不超过1%），记录电导率和盐度测定值。

（5）测试结束后，关闭仪器，用纯水清洗电极，用滤纸吸干，并妥善包装存放。

［注：（3）与（4）答对一条即可］

3. 简述便携式电导率仪法的测量原理。①

答案：（1）当两个电极插入溶液中，可以测出两电极间的电阻 R，由于电导是电阻的倒数，因此根据欧姆定律，温度一定时，这个电阻值与电极的间距 L（cm）成正比，与电极的截面积 A（cm^2）成反比，即 $R=\rho L/A$。

（2）由于电极间距 L 和电极截面积 A 都是固定不变的，故 L/A 为常数，用 Q 表示，称为电导池常数。

（3）比例常数ρ称为电阻率，其倒数 $1/\rho$ 称为电导率，用 K 表示。$S=1/R=1/\rho Q$，S 表示电导度，反映导电能力的强弱，所以 $K=QS=Q/R$，已知电导池常数，测出电阻后，即可求得电导率。

4. 简述便电导率操作过程中的注意事项。②

答案：（1）按照仪器使用说明书准备电导率仪测定操作规程。

（2）确保测量前仪器已按照校准程序经过校准。

（3）将电极插入水样中，注意电极上的小孔必须浸泡在水面以下。

（4）最好使用塑料容器盛装待测的水样。

（5）电导率仪应在检定有效期内使用。

（6）电导率仪必须保证每月校准一次，更换电极或电池后也需校准。

（7）监测人员需经过培训，考核合格后方可上岗。

（至少答出 5 条）

5. 简述盐度的测量原理。①

答案：（1）海水的绝对盐度（SA）是海水中溶质的质量与海水质量的比值，无法直接测量。

（2）引入由相对电导率计算盐度的新定义，采用了高纯度的 KCl，用称量法制备成一定浓度 32.435 6‰的溶液，15℃一个标准大气压下作为盐度的准确参考标准，其盐度标记为 35‰，实用盐度标记为 35，无量纲。

（3）测量海水样品与标准海水在 101 325 Pa 下的电导率比 R_0，再查国际海洋常用表，得出海水样品的实用盐度。

6. 简述盐度操作过程中的注意事项。②

答案：（1）按照仪器使用说明书准备盐度测定操作规程。

（2）确保测量前仪器已按照校准程序经过校准。

（3）将电极插入水样中，注意电极上的小孔必须浸泡在水面以下。

（4）最好使用塑料容器盛装待测的水样。

（5）盐度仪应定期检定并在有效期内使用，根据使用频次确定合理的检定周期，更换电极或电池后也需校准。

（6）测量原理是依据实用盐度定义通过测量电导率计算得出盐度值，适用范围为盐度为 2～42 的样品，对低于 2 的样品可通过氯度测量结果计算盐度。

（7）监测人员需经过培训，考核合格后方可上岗。

（8）根据地表水样品常见的电导率范围选择技术参数合适的盐度仪或电导率仪，两种测量模式可以相互转换。

（至少答出 5 条）

7. 简述电导率测量过程中可采取的质量保证与控制措施。①

答案：（1）现场监测人员需经过培训，持证上岗。

（2）电导率测试仪每年应由有资质的部门进行检定或校准，并提供报告，确保仪器在有效期内使用。

（3）电导率测试仪在维修或更换电极后需由有资质的部门进行检定或校准，并提供报告。

（4）电导率测试仪应在每月的采样任务开展前进行 1 次仪器校准。

（5）电导率测试仪在每个监测现场，进行水样测试前须进行 1 次质控样核查，以检查仪器性能，并填写各类质控记录。

（6）日常使用中，需定期清洗电极，及时清理电极表面出现附着物。

（7）注意校准液、质控样的保质期和保存条件，过期和失效试剂不得使用。

（至少答出 5 条）

8. 简述电导率测量前仪器校准步骤。①

答案：（1）开机启动仪器，确认测试仪器可以正常开机，预热 10 min。

（2）零点校准：将电极浸入纯水，将指示值调整为零点。

（3）量程校准：将电极浸入电导率标准样品中，将指示值调整至标准溶液标准值。

（4）做好校准记录。

（5）用标准溶液校准仪器时，每次更换标准溶液时应用纯水彻底冲洗电极并用滤纸吸干。

（6）仪器校准后应用蒸馏水充分淋洗电极，然后用滤纸吸干，保存待用。

参考文献

[1] 中国环境监测总站. 国家地表水环境质量监测网采测分离 现场监测技术导则. 2017.

[2] 中国环境监测总站. 国家地表水环境质量监测网监测任务作业指导书（试行）. 2017.

[3] 国家环境保护总局《水和废水监测分析方法》编委会. 水和废水监测分析方法.4 版. 北京：中国环境科学出版社，2002.

[4] 中华人民共和国质量监督检验检疫总局，中国国家标准化管理委员会. 海洋监测规范：GB 17378.4—2007. 北京：中国标准出版社，2007.

第九章　透明度-塞氏盘法

一、填空题

1. 透明度是指_______透明度盘在水中的_______可见_______。②

答案：白色　最大　深度

2. 塞氏盘为一个由较厚的_______制成的直径_______cm 的圆盘，在盘的一面从中心平分为_______部分，以_______相间涂布。②

答案：金属片　20　4 个　黑白漆

3. 透明度测量时，记录浸入水中的深度，用_______（单位）表示。②

答案：cm（厘米）

4. 测量透明度时，尽量避开_______、_______、_______等杂物的干扰。①

答案：水草　垃圾　油膜

5. 测量透明度时，测量前应检查吊绳_________是否完整且准确，若发现___________或_________等情况，需补充并重新________。①

答案：刻度　刻度缺失　移位　标定

6. 在_______及大量浑浊水流入水体，或水面有较大_______时，不宜测量透明度。①

答案：雨天　波浪

7. 测量透明度时，监测人员应尽可能接近水面，不可在_______或_______测量。①

答案：桥上　岸边

8. 测量透明度时，若水流较快盘面倾斜时，需_____________，保证_____________、吊绳垂直。①

答案：增加配重　盘面水平

9. 透明度盘使用时间较长或其他原因导致盘面白色___________或油漆脱落等，应重新__________或__________。②

答案：变黄　　油漆　　更换

10. 透明度测量过程中需将盘在“＿＿＿＿＿＿＿＿”与“＿＿＿＿＿＿＿＿＿”之间上下多次移动，以确认“＿＿＿＿＿＿＿＿＿”的位置。①

答案：刚好看见　刚好不能看见　刚好不能看见

11. 测量透明度时，应＿＿＿＿检查透明度盘与绳索的连接，防止透明度盘＿＿＿＿。②

答案：定期　丢失或滑落

二、判断题

1. 在雨天及大量浑浊水流入水体，或水面有较大波浪时，不宜测量透明度。①（　　）

答案：正确

2. 测量透明度时，新绳索使用过程中须增加校准次数。②（　　）

答案：正确

3. 测量透明度时，监测人员可在桥上或岸边测量。①（　　）

答案：错误

正确答案为：测量透明度时，监测人员应尽可能接近水面，不可在桥上或岸边测量。

4. 测量透明度时，若水流较快盘面倾斜时，需增加配重，保证盘面水平、吊绳垂直。①（　　）

答案：正确

5. 透明度盘使用时间较长或其他原因导致盘面白色变黄可继续使用。②（　　）

答案：错误

正确答案为：透明度盘使用时间较长或其他原因导致盘面白色变黄时或油漆脱落、污脏时，应重新油漆或更换。

6. 水的透明度与浊度成正比，水中悬浮物越多，其透明度就越低。③（　　）

答案：错误

正确答案为：透明度与浊度成反比。

7. 现场监测人员应按照操作规程进行透明度测定。①（　　）

答案：正确

8. 测量透明度时，现场监测人员需要经过培训，考核合格后方可上岗。①（　　）

答案：正确

9. 测量透明度时，将盘在船的迎光处放入水中，逐渐下沉，至恰恰不能看见盘面的白色

时，记录结果。①（　　）

答案：错误

正确答案为：将盘在船的背光处平放入水中，逐渐下沉，至恰恰不能看见盘面的白色时，记取其尺度。

10. 测量透明度时，要尽量避免波浪和直射的日光，最好利用船的阴影等。②（　　）

答案：正确

11. 测量透明度时，观测时须避免船只排出污水的影响。②（　　）

答案：正确

12. 测量透明度使用的新绳索使用前无须进行缩水处理。②（　　）

答案：错误

正确答案为：新绳索使用前须进行缩水处理。

三、选择题

1. 测量透明度时，监测人员校准视力须在________以上。②（　　）

A. 1.2　　B. 1.0　　C. 0.8

答案：B

2. 系扣透明度盘的绳索上每________cm处用有色丝线或漆做长度记号，绳索长度应根据所测水域透明度值大小而定。②（　　）

A. 2　　B. 5　　C. 10

答案：C

3. 测定水质透明度时，应将盘在船的________处平放入水中。②③（　　）

A. 背光　　B. 迎光　　C. 反射光　　D. 直射光

答案：A

4. 测定透明度时，将圆盘没入水中逐渐下沉至恰好不能看见盘面的________时，记取其尺度。②（　　）

A. 白色　　B. 黑色　　C. 黑白两色

答案：A

5. 测定透明度时，检测结果受检验人员的主观影响较大，观察时需要至少反复测定________次。②（　　）

A. 一二　　B. 二三　　C. 三四　　D. 四五

答案：B

6. 水的透明度与_______相反，水中_______越多（高），其透明度就越低。③（　　）

A. 悬浮物，浊度　　B. 色度，浊度　　C. 浊度，悬浮物

答案：C

7. 塞氏盘为一由较厚的金属片制成的直径_______cm 的圆盘。②（　　）

A. 15　　B. 20　　C. 25　　D. 30

答案：B

8. 在_______及大量浑浊水流入水体时，或水面有_______时不宜测量透明度。①（　　）

A. 晴天，较大波浪　　B. 晴天，无波浪　　C. 雨天，较大波浪

答案：C

9. 塞氏盘在盘的一面从中心平分为_______部分，以_______漆相间涂布。②（　　）

A. 2 个，白红　　B. 2 个，白黑　　C. 4 个，白红　　D. 4 个，白黑

答案：D

四、问答题

1. 简述水质透明度塞氏盘法的测定原理。②

答案：透明度是指白色透明度盘在水中的最大可见深度。透明度观测只在白天进行，观测地点应选在背阳光处，观测时须避免船只排出污水的影响。

2. 简述水质透明度塞氏盘法的测定步骤。②

答案：将盘在船的背光处平放入水中，逐渐下沉，至不能看见盘面的白色，并在“刚好看见”与“刚好不能看见”之间上下多次移动，以确认“刚好不能看见的位置”，记取其尺度，以 cm 为单位。重复测量 2 次，取平均值。观测工作应在透明度盘的垂直上方进行。

3. 简述水质透明度测定的注意事项。①

答案：（1）按照仪器使用说明书准备透明度测定操作规程，便于现场监测人员使用。

（2）水样测定：将盘在船的背光处平放入水中，逐渐下沉，至恰恰不能看见盘面的白色时，记取其尺度，以 cm 为单位。重复测量 2 次，取平均值。

（3）在雨天及大量浑浊水流入水体，或水面有较大波浪时不宜测量透明度。

（4）尽量避开水草、垃圾、油膜等杂物的干扰。

（5）测量前应检查吊绳刻度是否完整且准确，若发现刻度缺失或移位等情况，需

补充并重新标定。

（6）测量时监测人员应尽可能接近水面，不可在桥上或岸边测量。

（7）若水流较快盘面倾斜时，需增加配重，保证盘面水平、吊绳垂直。

（8）测量过程中需将盘在“刚好看见”与“刚好不能看见”之间上下多次移动，以确认“刚好不能看见”的位置。

（9）透明度盘使用时间较长或其他原因导致盘面白色变黄时，应重新涂白。

（10）监测人员需要经过培训，考核合格后方可上岗。

参考文献

[1] 中国环境监测总站. 国家地表水环境质量监测网监测任务作业指导书（试行）. 2017.

[2] 中国环境监测总站. 国家地表水环境质量监测网采测分离 现场监测技术导则. 2017.

[3] 国家环境保护总局《水和废水监测分析方法》编委会. 水和废水监测分析方法.4 版. 北京：中国环境科学出版社，2002.

第十章　五日生化需氧量采样及注意事项

一、填空题

1. 五日生化需氧量样品采集后需在_______℃保存，保存期_______。②

答案：0～5　24 h

2. 五日生化需氧量的采集容器为_______的_______玻璃瓶，样品瓶体积为_______。①

答案：干燥　棕色　1 L

3. 五日生化需氧量采样容器的洗涤方式为：_______洗 1 次、_______洗 3 次、_______洗 1 次洗涤方式，并对样品瓶空白本底测试抽测。①

答案：洗涤剂　自来水　蒸馏水

4. 五日生化需氧量采集时，应将采样器中每次采集的水样，全部倒入一个较大的____________中。①

答案：静置用容器

5. 用于五日生化需氧量的采样瓶，每批至少抽取_________经清洗后的样品瓶，进行____________。①

答案：1%　空白试验

6. 采样容器洗净的判断标准和要求：玻璃采样容器的内外器壁不应附着油污和不溶物，可以被水完全润湿，器壁上留有一层薄而均匀的水膜，______________。①

答案：而不挂水珠

7. 五日生化需氧量使用__________移取水样到玻璃瓶中，水样须溢出采样瓶_______水量，上部不留______。①

答案：虹吸装置　1/3　气泡

8. 采样完成后首先应清点__________、核对_______、采样量，确认无误后放入采样冷藏避震箱内封存。①

答案：样品数量　　项目

9. 水样采集后应尽快运送到实验室，并按水质__________、__________和__________规定的样品保存方法进行保存。①

答案：采样规程　　样品的保存　　管理技术

二、判断题

1. 五日生化需氧量采样前，不得使用水样对样品瓶进行荡洗。①（　　）

答案：正确

2. 五日生化需氧量专用棕色玻璃瓶洗涤时，应用 1+3 硝酸洗 1 次，蒸馏水充分洗涤后，晾干备用。①（　　）

答案：错误

正确答案为：五日生化需氧量专用棕色玻璃瓶洗涤时，应用洗涤剂洗 1 次，自来水洗 3 次，蒸馏水充分洗涤 1 次。

3. 五日生化需氧量专用棕色玻璃瓶洗涤时，应用洗涤剂洗 1 次，自来水 3 次，蒸馏水充分洗涤 1 次，再用布或纸擦干，备用。①（　　）

答案：错误

正确答案为：已洗净的采样容器不能再用布或纸擦干，因为布或纸的纤维会留在瓶壁上。

4. 采集五日生化需氧量的水样时必须加入硫酸做保存剂。①（　　）

答案：错误

正确答案为：采集五日生化需氧量的水样不用加保存剂。

5. 采集五日生化需氧量的水样时，应用水样对样品瓶进行荡洗 2～3 次，再注满样品瓶。①（　　）

答案：错误

正确答案为：采集五日生化需氧量的水样时，不得用水样荡洗样品瓶。

6. 五日生化需氧量的采集容器为白色玻璃瓶、采集样品体积为 1 L。①（　　）

答案：错误

正确答案为：五日生化需氧量的采集容器为棕色玻璃瓶。

7. 用于五日生化需氧量的采样瓶空白本底测试抽测记录，原始记录须定期归档备查。①（　　）

答案： 正确

8. 采样器具材质应符合相关技术规定，选择适合检测项目的材质，不得引入二次污染。新的或曾用过的采样瓶应按规范清洗，且应对其本底作抽样检验。①（　　）

答案： 正确

9. 采集五日生化需氧量时不可搅动水底部的沉积物，不能混入漂浮于水面上的物质。①（　　）

答案： 正确

三、选择题

1. 采集五日生化需氧量的专用瓶应事先用_______洗 1 次，自来水 3 次，蒸馏水充分洗涤 1 次，晾干备用。①（　　）

   A. 洗涤剂　B. 重铬酸钾　C. 1+3 硝酸溶液　D. 1+1 硝酸溶液

答案： A

2. 五日生化需氧量的采样瓶为_______。①（　　）

   A. 棕色硬质玻璃瓶　B. 硬质玻璃瓶　C. 聚乙烯瓶

答案： A

3. 五日生化需氧量的采样瓶的体积为_______ml。①（　　）

   A. 100　B. 250　C. 500　D. 1 000

答案： D

4. 清洗过的五日生化需氧量的样品瓶每批至少抽取_______%（不够 100 个样品瓶，最少抽测 1 个），进行空白试验。空白试验结果低于检出限。①（　　）

   A. 1　B. 2　C. 3　D. 5

答案： A

5. 五日生化需氧量采样时，使用虹吸装置的吸管进水尖嘴应插至水样表层以下____mm 位置，再使用虹吸装置移取水样至采样瓶中。①（　　）

   A. 20　B. 30　C. 40　D. 50

答案： D

6. 五日生化需氧量使用干燥的样品瓶。采样前，不得使用水样对样品瓶进行荡洗。移取水样于 1 L 棕色玻璃瓶中时，水样必须注满（水样溢出采样瓶水量）_______，上部不留气泡。①（　　）

A. 1/3　　B. 2/3　　C. 1/4　　D. 1/5

答案：A

7. 采集完五日生化需氧量的水样时应_______固定剂保存。①（　　）

A. 加入浓硫酸　　B. 加入氢氧化钠　　C. 不加　　D. 加入磷酸

答案：C

8. 纯水储存容器在使用前需用盐酸溶液（质量分数为 20%）浸泡 2～3 d，再用纯水反复冲洗，并注满浸泡_______h 以上。①（　　）

A. 2　　B. 4　　C. 6　　D. 8

答案：C

四、问答题

简述五日生化需氧量的定义。③

答案：生化需氧量是指在规定的条件下，微生物分解水中的某些可氧化的物质，特别是分解有机物的生物化学过程消耗的溶解氧。通常情况下是指水样充满完全密闭的溶解氧瓶中，在（20±1）℃的暗处培养 5 d±4 h 或（2+5）d±4 h，分别测定培养前后水样中溶解氧的质量浓度，由培养前后溶解氧的质量浓度之差，计算每升样品消耗的溶解氧量，以 BOD_5 形式表示。

参考文献

[1] 中国环境监测总站. 国家地表水环境质量监测网采测分离　采样技术导则. 2017.

[2] 中国环境监测总站. 国家地表水环境质量监测网监测任务作业指导书（试行）. 2017.

[3] 环境保护部. 水质　五日生化需氧量（BOD_5）的测定　稀释与接种法：HJ 505—2009. 北京：中国环境科学出版社，2009.

第十一章　水温-温度计或颠倒温度计法/温度传感器

一、填空题

1. 在冬季的东北地区读数应该_______内完成，否则水温计表面形成一层薄冰，影响读数的准确性。②

答案：3 s

2. 水样测定时，将水温计（表层温度计）投入水中至待测深度，感温_______后，迅速上提并立即读数，从水温计离开水面至读数完毕应不超过_______，读数完毕后，将筒内水倒净。①

答案：5 min　20 s

3. 表层水温计测量范围满足_______℃，分度值为_______℃；深水温度计测量范围满足_______℃，分度值为_______℃。①

答案：−6～+40　0.2　−6～+40　0.2

4. 带有温度传感器的便携式 pH 计或其他便携式仪器，温度测量范围应涵盖________℃，分辨率达________℃。①

答案：−5～+80　0.1

5. 颠倒温度计测定水温时，温度计提出水面_______读取水温，辅温读至_______小数，主温读至_______小数。①

答案：立即　1 位　2 位

二、判断题

1. 表层温度计、深水温度计以及颠倒温度计均每年应由有资质的部门进行检定或校准，并提供报告，确保在有效期内使用。①（　）

答案：正确

2. 现场监测人员需经过培训，持证上岗。①（ ）

答案：正确

3. 当现场气温高于 35℃或低于−30℃时，水温计在水中停留时间要适当延长，以达到温度平衡。②（ ）

答案：正确

4. 读数时视线与表层水温表的毛细管顶端处在同一水平面，还要避免阳光的直接照射。①（ ）

答案：正确

5. 测水温时不需要避开船只排水。①（ ）

答案：错误

正确答案为：测水温时要避开船只排水的影响。

三、选择题

1. 采用水桶盛装水样测定水温时，水桶由不易传热的材料制成，容器容量约为_______L。①（ ）

A. 5～10　B. 10～15　C. 15～20

答案：A

2. 颠倒温度计贮存时，贮蓄泡必须_______放置。①（ ）

A. 朝上垂直　B. 平衡　C. 朝下垂直

答案：C

四、问答题

1. 简述水温-温度计或颠倒温度计法的测定原理。①

答案：在水样采集现场，利用专门的水银温度计，直接测量并读取水温。

2. 简述表层温度计的测定步骤。①

答案：用绳子拴住表层温度计金属管上端的提环，将温度计投入水中下沉至水面下 0.5 m 处，感温 5 min 后，迅速上提并立即读数，从温度计离开水面至读数完毕应不超过 20 s。遇到风浪较大等特殊情况时，可用水桶取水进行测量，测量时把温度计放入水桶内，感温 5 min 后，迅速上提并立即读数，从温度计离开水面至读数完毕应不超过 20 s。

3. 简述水温-温度传感器法的测定原理。①

答案：在水样采样现场，利用便携式 pH 计或其他便携式仪器自带的温度传感器，直接测量并读取水温。

参考文献

[1] 中国环境监测总站. 国家地表水环境质量监测网采测分离　现场监测技术导则. 2017.

[2] 国家环境保护总局《水和废水监测分析方法》编委会. 水和废水监测分析方法.4 版. 北京：中国环境科学出版社，2002.

第十二章　采样注意事项及固定剂加入要求

第一节　高锰酸盐指数、阴离子表面活性剂、叶绿素 a、石油类、硫化物等采样

一、填空题

1. 对于石油类样品采集，采样前______________荡洗________________，采集的水样_______________自然沉降。①

答案：先用水样　石油类采样器 2～3 次　不进行

2. 石油类采样，采样前____________可能存在的____________，采样瓶口到达水面下________深度，边采水边向上提升，在到达水面时_____________。①

答案：先破坏　　油膜　　30 cm　　剩余适当空间

3. 石油类样品保存剂为________，保存条件为 pH_______。①

答案：浓盐酸　　$\leqslant 2$

4. 叶绿素 a 样品采集，_____________对采样瓶进行荡洗，移取水样至_____________中，如果水样中含沉降性固体，则应________________之后再取上层水样转移至棕色硬质玻璃瓶。①

答案：不用水样　　500 ml 棕色采样瓶　　用铝箔避光沉降 30 min

5. 洗涤剂的污染会造成水面有不易流失的泡沫，并消耗水中的____________。③

答案：溶解氧

6. 水中硫化物包括溶解性的________、________和________，存在于悬浮物中的可溶性硫化物、酸可溶性金属硫化物以及未电离的有机类和无机类硫化物。③

答案：H_2S　　HS^-　　S^{2-}

7. 用亚甲基蓝分光光度法测定阴离子表面活性剂时，水样应保存在____________，并事先用______清洗过。短期应贮存在______℃冰箱中，保存期不超过 24 h。③

答案：清洁的玻璃瓶中　甲醇　4

8. 测定高锰酸盐指数的水样采集后，应加入______，使 pH≤2，以抑制微生物的活动，应尽快分析，必要时应在______℃冷藏，并在______h 内测定。③

答案：浓硫酸　0～5　48

9. 由于硫离子很容易_______，或从水样中_______，因此在采样时应防止曝气，并加适量的_______和_______，使水样呈_______并形成_______。采样时应先加_______，再加入_______。①③

答案：被氧化　逸出　氢氧化钠溶液　乙酸锌-乙酸钠溶液　碱性　硫化锌沉淀　乙酸锌-乙酸钠溶液　水样

10. 地表水石油类样品采集需要使用____________采样瓶，采样体积为_____。①

答案：专用石油瓶或硬质玻璃　500 ml

11. 通过测定地表水浮游植物_______，可掌握水体的初级生产力情况，在环境监测中，可将_______含量作为湖泊_________的指标之一。③

答案：叶绿素　叶绿素 a　富营养化

12. 在大多数情况下，从采集样品到运输至实验室期间，在______℃冷藏并暗处保存；______℃冷冻温度一般能延长贮存期，分析__________不适用冷冻程序。④

答案：0～5　−20　挥发性物质

13. 保存水样的措施有__________、__________、__________、__________。④

答案：选择适当材料的容器　控制溶液的 pH　加入固定剂　冷藏或冷冻

14. 用于测定叶绿素 a 的水样，在保存时需加入_______保存剂，采样体积为____ml。①

答案：1%碳酸镁　500

二、判断题

1. 亚甲基蓝分光光度法测定阴离子表面活性剂的水样，如保存期为 8 d，需加入水样体积 1%的甲醛饱和溶液。②（　　）

答案：错误

正确答案为：需加入适量三氯甲烷于水样中使其达到饱和。

2. 水中油类物质要单独采样，不允许实验室内再分样。（　　）③

答案：正确

3. 阴离子表面活性剂样品，采集的水样当天能完成分析时，可不加保存剂。②（　　）

答案：正确

4. 叶绿素 a 使用的碳酸镁保存剂可以使用分析纯。③（　　）

答案：正确

5. 叶绿素 a 使用的碳酸镁保存剂应该使用优级纯。③（　　）

答案：错误

正确答案为：叶绿素 a 使用的碳酸镁保存剂可以使用分析纯。

6. 阴离子表面活性剂样品采集前，要先用水样荡洗采样瓶 2～3 次。③（　　）

答案：正确

7. 石油类样品采集前，要先用水样荡洗采样瓶 2～3 次。③（　　）

答案：错误

正确答案为：石油类样品采集要单独采样，采样前不得用水样荡洗采样瓶。

8. 地表水石油类样品采样量为 1 000 ml 左右。③（　　）

答案：错误

正确答案为：地表水石油类样品采样量为 500 ml 左右。

9. 石油类样品采集时，样品瓶需要采满，不得留有空间。①（　　）

答案：错误

正确答案为：石油类样品采集时，在到达水面时剩余适当空间。

10. 石油类样品保存剂为浓盐酸。①（　　）

答案：正确

11. 石油类采样不进行中下层水样的采集。①（　　）

答案：正确

12. 叶绿素 a 样品采集前，要先用水样荡洗采样瓶 2～3 次。③（　　）

答案：错误

正确答案为：叶绿素 a 样品采集前，不用水样对样品瓶进行荡洗。

13. 叶绿素 a 必须使用避光容器。③（　　）

答案：正确

14. 硫化物样品必须使用避光容器。③（　　）

答案：正确

三、选择题

1. 需要单独采样并将采集的样品全部用于测定的项目是______。③（　　）

A. 余氯　　B. 硫化物　　C. 油类

答案：C

2. ______水样需要使用棕色玻璃瓶盛装样品。①（　　）

A. 阴离子表面活性剂　　B. 氰化物　　C. 五日生化需氧量

答案：C

3. 测定______等水样在储存过程中易发生明显变化，不适用于混合水样。①（　　）

A. 挥发酚、油类、硫化物　　B. 氯化物、氟化物　　C. 重金属

答案：A

4. 地表水石油类样品采集量为______左右。②（　　）

A. 300 ml　　B. 500 ml　　C. 1 000 ml

答案：B

5. 测定水中石油类时，采集的样品应储存于______。①（　　）

A. 聚乙烯瓶　　B. 聚四氟乙烯瓶　　C. 硬质玻璃瓶

答案：C

6. 石油类样品保存剂为______①（　　）

A. 浓盐酸　　B. 浓硫酸　　C. 浓硝酸

答案：A

7. 测定石油类的水样，应______保存。①（　　）

A. 加入硫酸锰及碱性碘化钾　　B. 加入盐酸至 pH≤2

C. 加入氢氧化钠至 pH≥12　　D. 不加保存剂，水封

答案：B

8. 分析方法中规定尽快分析的______等项目，采集的水样当天能完成分析时，可不加保存剂。①（　　）

A. 硫化物、化学需氧量、氨氮、总磷　　B. 氟化物、总磷、阴离子表面活性剂

C. 化学需氧量、氨氮、挥发酚

答案：B

9. ______需要在现场沉降 30 min。①（　　）

A. 总氮、氨氮、硫化物　　　　　　　　B. 悬浮物、化学需氧量、氨氮

C. 化学需氧量、氨氮、粪大肠菌群

答案：A

10. ______样品瓶不能使用聚乙烯材质。③（　　）

A. 石油类、硫化物、叶绿素 a　　B. 铜、锌、氰化物　　C. 氟化物、汞

答案：A

11. 硫化物样品采集与保存的顺序为______。③（　　）

A. 荡洗采样瓶及瓶盖 2～3 次，加入保存剂，加入水样

B. 荡洗采样瓶及瓶盖 2～3 次，加入水样，加入保存剂

C. 荡洗采样瓶及瓶盖 2～3 次，加入乙酸锌-乙酸钠，加入水样，再加入氢氧化钠

答案：C

12. 叶绿素 a 样品瓶为______。③（　　）

A. 硬质玻璃瓶　　B. 棕色玻璃瓶　　C. 聚乙烯塑料瓶

答案：B

13. 阴离子表面活性剂样品瓶为______。③（　　）

A. 硬质玻璃瓶　　B. 聚四氟乙烯瓶　　C. 聚乙烯塑料瓶

答案：A

14. 高锰酸盐指数样品瓶为______。③（　　）

A. 棕色玻璃瓶　　B. 聚四氟乙烯瓶　　C. 聚乙烯塑料瓶

答案：A

15. 硫化物样品瓶为______。③（　　）

A. 硬质玻璃瓶　　B. 棕色玻璃瓶　　C. 聚乙烯塑料瓶

答案：B

四、问答题

1. 简述石油类采样方法。①

答案：第一步：采样前先用水样荡洗石油类采样器 2～3 次。采集的水样不进行自然沉降。采样时不可搅动水底部的沉积物。

第二步：将干燥的 500 ml 样品瓶（专用石油瓶或玻璃瓶）装到石油类采样器支架中，采样前先破坏可能存在的油膜，将其放到水下 30 cm 深度，边采水边向上提

升，在到达水面时剩余适当空间。

第三步：固定剂加入浓盐酸，用干净的玻璃棒沾取样品，用 pH 试纸测试 pH≤2。水样 pH 为 7 左右时，推荐浓盐酸加入量为 1.0 ml。

第四步：盖好瓶盖，确保样品瓶密封，贴上标签。

2. 简述硫化物采样的注意事项。①

答案：硫化物水样采集时先加入适量乙酸锌-乙酸钠溶液，再采集水样至瓶颈时加入氢氧化钠溶液至刚有白色沉淀产生，加水样充满容器，瓶塞下不留空气。

3. 简述叶绿素 a 的采样方法。①

答案：第一步：采样器需提前洗净、干燥，现场不用水样荡洗，单独使用，不可与其他断面采样器混用。单独采样，且使用干燥的样品瓶。

第二步：不用水样对样品瓶进行荡洗。将采样器中采集的水样，移取水样至 500 ml 棕色采样瓶中。如果水样中含沉降性固体（如泥沙等），用铝箔避光沉降 30 min，取上层水样转移至棕色硬质玻璃瓶。

第三步：固定剂加入 0.5 ml 的 1%碳酸镁悬浊液。

第四步：盖好瓶盖，确保样品瓶密封，贴上标签。

4. 简述石油类样品全程序空白样如何采集。①

答案：将实验室用的去离子水加入采样瓶至瓶颈处，留有适当空间，带到采样现场，打开实际样品瓶的同时，打开空白水样瓶，与实际样品一起加入浓盐酸固定剂，用干净的玻璃棒沾取样品，用 pH 试纸测试 pH≤2。盖好瓶盖，确保样品瓶密封，贴上标签。与实际水样装入同一个样品箱进行运输。

5. 采用亚甲基蓝分光光度法测定水中硫化物时，水样应如何采集和保存？①

答案：硫化物水样采集时先加入适量乙酸锌-乙酸钠溶液，再采集水样至瓶颈时加入氢氧化钠溶液至刚有白色沉淀产生，加水样充满样品瓶，瓶塞下不留空气。

6. 简述水质采样的安全要求。①

答案：（1）参加采样的人员必须身体健康，采样人员中须配备一定数量熟悉水性的成员。船工须熟悉水性、航道情况并有航行经验。

（2）采样船须配备救生圈、救生绳索等，采样时穿好救生衣。

（3）船上配备医药箱，在大江大河采样时配备救生人员。

（4）小船采样严禁超载超员。

（5）需要破冰采样的地方，要预先小心检查薄冰层位置和范围，做好标志，行走和采样时人员适当分散，要专人做监视，防止采样人员掉进冰窟窿。流冰期采样时，岸边须有人监护。

（6）较小河流中用橡皮船采样时，须在河两岸设置固定点固定软绳，船上还需有人拉绳随时做好保护。

（7）采样船要悬挂信号旗，以示采样工作进行中，避免其他船只通过时受碰撞或被破浪冲击而发生事故。

（8）桥梁上采样也做好安全提示。

（9）夜间行车注意控制车速，增加跟车距离，尽量避免超车，切勿疲劳驾驶。

7. 简述叶绿素 a 采样的注意事项。③

答案：采样前不用水样对样品瓶进行荡洗。如果水样中含沉降性固体（如泥沙等），用铝箔避光沉降 30 min，取上层水样转移至棕色硬质玻璃瓶。水样采集后加入碳酸镁固定剂，避光保存。

8. 简述水质采样常用的安全辅助设施有哪些。③

答案：安全带、安全绳、安全帽、反光服、警示牌、救生衣、防滑手套、无尘手套、护目镜。（答出 5 种即可）

参考文献

[1] 中国环境监测总站. 国家地表水环境质量监测网采测分离　采样技术导则. 2017.

[2] 中国环境监测总站. 国家地表水环境质量监测网监测任务作业指导书（试行）. 2017.

[3] 国家环境保护总局《水和废水监测分析方法》编委会. 水和废水监测分析方法.4 版. 北京：中国环境科学出版社，2002.

[4] 环境保护部. 水质　样品的保存和管理技术规定：HJ 493—2009. 北京：中国环境科学出版社，2009.

第二节　重金属类-铜、锌、铅、镉、铁、锰及砷、硒、汞采样

一、填空题

1. 采集地表水汞项目时，采样前先用水样荡涤采样容器和盛样容器______次。①

答案：2～3

2. 现场采集地表水铜、锌、铅、镉项目时，采集的水样必须在现场立即用______的微孔滤膜过滤后装于聚乙烯采样瓶中。①

答案：0.45 μm

3. 每次准备固定剂时，需填写____________记录表，原始记录须定期归档备查。③

答案：固定剂准备

4. 重金属抽滤装置由_________________、全玻璃过滤器（溶剂过滤器）、__________三部分构成。③

答案：无油隔膜式真空泵　微孔滤膜

5. 采集地表水金属项目加入浓硝酸保存，使得硝酸的含量达到_____%，可保存_____d。①

答案：1　14

6. 采集原子荧光法测汞所需的水样后，加入固定剂______，质量比为 1%，如 1 L 水中加入固定剂______ml。②

答案：（浓）盐酸　10

7. 导致水样变化的因素有：______因素、______因素和______因素。②

答案：生物　化学　物理

8. 样品保存剂如酸、碱或其他试剂在采样前应进行空白试验，其______和______必须达到分析的要求。②

答案：纯度　等级

9. 测定金属离子的水样中常用硝酸酸化至 pH 1～2，既可以防止重金属___________，又可以防止金属在器壁表面上的______，同时在 pH 1～2 的酸性介质中还能抑制生物的活动。②

答案：水解沉淀　吸附

10. 测定水中金属铜、锌、铅时，采集的样品应储存于___________中。①

答案：聚乙烯瓶

11. 水样中的痕量汞易被还原，引起汞的挥发性损失，加入_____________溶液可使汞维持在高氧化态，汞的稳定性大为改善。②

答案：硝酸-重铬酸钾

12. 深色玻璃能降低______作用，但一些有色玻璃瓶塞含有大量的_______。④

答案：光敏　重金属

13. 现场采集地表水水样时，需注意采样时________________水底部的沉积物，不能混入______于水面上的物质。①

答案：不可搅动　漂浮

14. 选择采样容器时候，应注意防止容器吸收或吸附待测组分，特别是______________、________________。④

答案：微量金属、磷酸盐（或答出铜、锌、铅、镉、铁、锰中 2 种即可）

15. 酸洗玻璃或塑料容器的一般程序是，先用自来水和清洗剂的混合稀释溶液清洗容器和容器帽，再用自来水彻底清洗，然后用___________清洗，控干后，注满___________，密封储存至少 24 h，最后用实验用水清洗，并立即盖好容器帽。④

答案：10%的硝酸　10%的硝酸

二、判断题

1. 测定水中铜、锌、铅、镉，采样瓶通常用铬酸-硫酸洗液洗净，并浸泡 24 h，然后用实验用水彻底洗净。①（　　）

答案：错误

正确答案为：测定水中铜、锌、铅、镉，采样容器通常用 1+1 硝酸洗液洗净，并浸泡 24 h，然后用实验用水彻底洗净。

2. 现场采集地表水水样时，需注意采样时不可搅动水底部的沉积物，不能混入漂浮于水面上的物质。①（　　）

答案：正确

3. 现场采集清澈的地表水汞、砷等一般监测项目的水样时，水样采集后必须自然沉降 30 min。①（　　）

答案：正确

4. 现场采集地表水铜、锌、铅、镉项目时，对于使用船只采样的断面，且在船上不具备过滤条件的，可在返回岸上后立即进行过滤。①（　　）

答案：正确

5. 砷、硒、汞，指的是总量，即未经过滤的样品经消解后所测得的含量。①（　　）

答案：正确

6. 样品保存剂如酸、碱或其他试剂在采样前应进行空白试验，其纯度和等级必须达到分析的要求。②（　　）

答案：正确

7. 抽滤装置中微孔滤膜选用 0.45 μm 或者 0.22 μm 均可。①（ ）

答案：错误

正确答案为：抽滤装置中微孔滤膜需选用 0.45 μm 的滤膜。

8. 水样采集后可通过加入化学保存剂保存，根据保存方式又可以分为控制溶液 pH、加入抑制剂、加入氧化剂、加入还原剂等。②（ ）

答案：正确

9. 现场采集铜、锌、汞、砷时，可用一个采样瓶装，加入硝酸作为固定剂。①（ ）

答案：错误

正确答案为：现场采集铜、锌、汞、砷时，不可用一个采样瓶装，铜、锌加入硝酸，汞、砷加入盐酸作为固定剂。

10. 新使用的金属采样瓶，需用 1+1 硝酸浸泡 24 h 后，再按照清洗要求清洗备用。③（ ）

答案：正确

11. 现场过滤金属水样时，每次过滤后需用去离子水清洗过滤装置，以防样品交叉污染。①（ ）

答案：正确

12. 采集地表水金属平行样时，应等体积轮流分装成 2 份，并分别加入保存剂。①（ ）

答案：正确。

13. 国家地表水环境质量监测网测定的铜、铅、锌、镉，指的是溶解态含量，即采样后在现场立即用 0.45 μm 的微孔滤膜过滤后，再进行测定的含量。①（ ）

答案：正确

14. 国家地表水环境质量监测网测定的铜、铅、锌、镉时，采集的水样不进行自然沉降。将采样器中采集的水样立即用可溶态重金属抽滤装置进行过滤，滤膜使用 0.45 μm 的微孔滤膜。①（ ）

答案：正确

三、选择题

1. 在进行地表水采样时，以下______项目需要在现场单独采样。①（ ）

A. 高锰酸盐指数　B. 石油类　C. 硫酸盐

答案：B

2. 对于自然沉降 30 min 后，仍然存在大量沉降性固体的河流：可将采样器中每次采集的水样，全部通过 63 μm 的过滤筛，测定金属项目的应使用______。①（　　）

A. 尼龙筛　B. 不锈钢网筛　C. 两者均可

答案：A

3. 采集地表水金属项目时，加入的固定剂应选用______。①（　　）

A. 分析纯　B. 优级纯　C. 化学纯

答案：B

4. 铜、铅、锌、镉项目样品采集加入固定剂时，固定剂加入浓硝酸，使硝酸含量达______%。①（　　）

A. 2　B. 1　C. 5

答案：B

5. 测定水中铅元素时，采集样品后加酸酸化至 pH＜2，但酸化时不能使用______。①（　　）

A. 硫酸　B. 硝酸　C. 盐酸

答案：A

6. 国控地表水中铜、铅、锌、镉，指的是溶解态含量，即采样后在现场立即用______的微孔滤膜过滤后，再进行测定的含量。①（　　）

A. 0.22 μm　B. 0.50 μm　C. 0.45 μm

答案：C

7. 采集铜、铅、锌、镉水样时，水样______沉降。将采样器中采集的水样立即用可溶态重金属抽滤装置进行过滤，滤膜使用 0.45 μm 的微孔滤膜。①（　　）

A. 经 30 min 自然　B. 经自然　C. 无须

答案：C

8. 抽滤装置安装时，漏斗管下端的______朝向抽气嘴。但不可靠得太近，以免使滤液从抽气嘴抽走。①（　　）

A. 横面　B. 斜面　C. 正面

答案：B

9. 测定水中铜时，采集的样品应储存于______。①（　　）

A. 玻璃瓶　B. 聚乙烯瓶　C. 硼硅玻璃瓶

答案：B

10. 采集地表水铁的水样后，不及时加固定剂，会由于______因素，导致低价铁可能被氧化成高价铁。②（　　）

A. 物理　　B. 化学　　C. 生物

答案：B

11. 测定组分被吸附在容器壁上或悬浮颗粒物的表面上，如溶解的金属或胶状的金属，某些化合物以及某些易挥发组分的挥发损失，这种属于______因素。②（　　）

A. 化学　　B. 物理　　C. 生物

答案：B

12. 下列不属于水样的保存方法的是______。①（　　）

A. 静置　　B. 加入化学保护剂　　C. 冷藏或冷冻

答案：A

13. 采集地表水砷、硒、汞项目时，现场样品______。①（　　）

A. 需过 0.22 μm 的滤膜　　B. 不需过滤　　C. 需过 0.45 μm 的滤膜

答案：B

14. 采集地表水汞项目时，加入的固定剂是______。①（　　）

A. 浓硝酸　　B. 浓盐酸　　C. 浓硫酸

答案：B

15. 使用冷原子吸收法测定汞，现场采集地表水汞项目时，取 1 000 ml 水样置于聚乙烯瓶中，每升水样中加入 10 ml 浓盐酸，然后加入 0.5 g 重铬酸钾（优级纯），若______消失，应适当补加重铬酸钾，使得水样呈持久的淡______，密塞，摇匀，在室温阴凉处放置，可保存 1 个月，采集水样时，样品应尽量充满样品瓶，以减少器壁吸附。①（　　）

A. 蓝色，蓝色　　B. 橙色，橙色　　C. 黄色，黄色

答案：B

四、问答题

1. 简述地表水铁、锰采集时采样容器、保存剂及用量、保存期、采样量及注意事项。①

答案：现场采集通过 0.45 μm 滤膜的 250 ml 水样置于聚乙烯瓶中，加入浓硝酸，使得硝酸的含量达到 1%或者使得水样 pH≤2，可保存 14 d。水样采集后立即通过 0.45 μm 滤膜过滤，得到的滤液立即酸化。

2. 简述地表水铜、锌、铅、镉采集时，采样容器、保存剂及用量、保存期、采样量及注意事项。①

答案： 现场采集通过 0.45 μm 滤膜的 250 ml 水样置于聚乙烯瓶中，加入浓硝酸，使得硝酸的含量达到 1%，可保存 14 d。采样前需用洗涤剂和水依次洗净聚乙烯瓶，置于 1+1 硝酸溶液中浸泡 24 h 以上，用实验用水彻底洗净。水样采集后立即通过 0.45 μm 滤膜过滤，得到的滤液立即酸化。

3. 简述地表水汞采集时采样容器、保存剂及用量、保存期、采样量及注意事项。①

答案：（1）现场采集 250 ml 水样置于聚乙烯瓶中，若水样为中性，1 L 水样中加浓盐酸 5 ml，可保存 14 d；

（2）现场采集 1 000 ml 水样置于聚乙烯瓶中，每升水样中加入 10 ml 浓盐酸，然后加入 0.5 g 重铬酸钾（优级纯），若橙色消失，应适当补加重铬酸钾，使得水样呈持久的淡橙色，密塞，摇匀，在室温阴凉处放置，可保存 1 个月，采集水样时，样品应尽量充满样品瓶，以减少器壁吸附。

4. 简述金属铜、铅、锌、镉的采样方法。①

答案：（1）采集的水样不进行自然沉降。将采样器中采集的水样立即用可溶态重金属抽滤装置进行过滤，滤膜使用 0.45 μm 的微孔滤膜。

（2）先用过滤后的水样荡涤采样瓶及瓶盖 2～3 次，再将过滤后的水样装于 250 ml 聚乙烯采样瓶中。

（3）加入固定剂浓硝酸，使硝酸含量达 1%。水样 pH 为 7 左右时，推荐浓硝酸加入量为 2.5 ml。

（4）盖好瓶盖，确保样品瓶密封，贴上标签。

5. 简述采集地表水金属项目后加入硝酸的目的。②

答案： 测定金属离子的水样中常用硝酸酸化至 pH 为 1～2，既可以防止重金属水解沉淀，又可以防止金属在器壁表面上的吸附，同时在 pH 为 1～2 的酸性介质中还能抑制生物的活动。

6. 简述采集地表水汞项目后加入氧化剂的目的。②

答案： 水样中的痕量汞易被还原，引起汞的挥发性损失，加入硝酸-重铬酸钾溶液可使汞维持在高氧化态，汞的稳定性大为改善。

7. 简述金属采样瓶清洗的方式。③

答案： 清洗采样瓶前先用肥皂将手洗干净，以防手上油污附在采样瓶上。

采样瓶和盖子先用自来水冲刷去灰尘，再用毛刷蘸蘸洗涤液（肥皂液等）仔细刷净内外表面。尤其应注意采样瓶磨砂部分和瓶口边缘处，之后边刷边用自来水冲至无洗涤液，再用自来水冲洗 2～3 次，1+3 硝酸荡洗 1 次，自来水洗 3 次，去离子水洗 1 次，晾干备用。

8. 简述采样后固定剂使用注意事项。①

答案：（1）保存剂添加过程中，所用器具不可混用，避免交叉污染。

（2）适量添加保存剂，切勿过多，以免影响实验室分析。

参考文献

[1] 中国环境监测总站. 国家地表水环境质量监测网监测任务作业指导书（试行）. 2017.

[2] 国家环境保护总局《水和废水监测分析方法》编委会. 水和废水监测分析方法.4 版. 北京：中国环境科学出版社，2002.

[3] 中国环境监测总站. 国家地表水环境质量监测网采测分离　采样技术导则. 2017.

[4] 环境保护部. 水质　样品的保存和管理技术规定：HJ 493—2009. 北京：中国环境科学出版社，2009.

第三节　挥发酚、氟化物、总氮、总磷、粪大肠菌群采样

一、填空题

1. 现场采集地表水粪大肠菌群时，单独采样，优先采集。使用________并且封包好的样品瓶或无菌袋。采样前，不用水样对样品瓶进行______。①

答案：已灭菌　冲洗

2. 现场采集地表水粪大肠菌群，采样后在瓶内要留足够的空间，采样量一般为采样瓶容量的______%左右。①

答案：80

3. 采集好的地表水粪大肠菌群应置于______℃冷藏箱中送回实验室分析。①

答案：0～5

4. 现场采集挥发酚水样后，用_______调 pH 约为_______，并加适量的_______，使样品中的_______质量浓度约为______g/L。①

答案：浓磷酸　4　硫酸铜　硫酸铜　1

5. 现场采集挥发酚水样加入固定剂后，尽快在______内分析完成。①

答案：24 h

6. 挥发酚测定时氧化剂（如游离氯）干扰排除，当水样经酸化后滴于___________试纸上若出现蓝色，说明存在游离氯等氧化剂，可加入过量的__________去除氧化剂。①

答案：淀粉-碘化钾　硫酸亚铁

7. 执行国家地表水监测网任务时，由于客观原因，无法在现场自然沉降______min 的，需拍照_________情况，并在采样记录表中__________。①

答案：30　记录现场　写明原因

8. 执行国家地表水监测网任务时，在采样记录表中，必须明确记录（1）采集到的样品情况（浑浊、色、味等）；（2）说明是否进行现场___________；（3）沉降后的水样情况（浑浊、色等）。①

答案：自然沉降

9. 对于自然沉降 30 min 后，仍然存在大量沉降性固体的河流：可将采样器中每次采集的水样，全部通过______μm 的过滤筛，再进行后续处理。①

答案：63

10. 对于自然沉降 30 min 后，仍然存在大量沉降性固体的河流水样，过筛后分装，测定金属项目的样品应使用_________网筛，测定有机物项目的样品应使用___________网筛。①

答案：尼龙网　不锈钢金属

11. 对于自然沉降 30 min 后，仍然存在大量沉降性固体的河流水样，过筛后可试行________方式去除可沉降性固体。①

答案：离心

12. 水样采集完成后，应根据各项目标准分析方法的要求，在现场加入保存剂固定。保存剂尽量使用_______及以上试剂。①

答案：优级纯

13. 分析方法中规定尽快分析的总磷，采集的水样当天能完成分析时，可不加__________，但需______。①

答案：保存剂（固定剂）　冷藏

14. 采集地表水总磷时，现场采集水样置于_________中，于_________内分析完毕。①

答案：硬质玻璃瓶　　24 h

15. 采集地表水总氮时，现场采集水样置于____________中，加入固定剂________，使得 pH≤2，于______内分析完毕。①

答案：棕色玻璃瓶　浓硫酸　　48 h

二、判断题

1. 现场采集地表水粪大肠菌群时，采样前需先用水样荡洗 2～3 次样品瓶。①（　　）

答案：错误

正确答案为：粪大肠菌群需单独采样，优先采集。使用已灭菌并且封包好的样品瓶或无菌袋。采样前，不用水样对样品瓶进行冲洗。

2. 采集地表水粪大肠菌群时，盛装容器需在采样前灭菌并且封包好。①（　　）

答案：正确

3. 地表水粪大肠菌群采集时，需将水样灌满采样瓶，不留空间，采样完毕，迅速扎上无菌包装纸。①（　　）

答案：错误

正确答案为：采样后在瓶内要留足够的空间，采样量一般为采样瓶容量的 80%左右。采样完毕，迅速扎上无菌包装纸。

4. 采集地表水挥发酚时，若将样品滴于溴甲酚绿试纸上若出现蓝色，说明存在游离氯等氧化剂，可加入过量的硫代硫酸钠去除氧化剂。①（　　）

答案：错误

正确答案为：采集地表水挥发酚时，若将样品滴于淀粉-碘化钾试纸上若出现蓝色，说明存在游离氯等氧化剂，可加入过量的硫酸亚铁去除氧化剂。

5. 现场采集地表水粪大肠菌群时，应单独采样且优先采样。①（　　）

答案：正确

6. 地表水总氮现场采集 1 000 ml 水样置于硬质玻璃瓶或聚乙烯瓶中，用硫酸使得 pH≤2，于 48 h 内分析完毕。①（　　）

答案：正确

7. 地表水总磷采集时，现场采集 500 ml 水样置于硬质玻璃瓶中，用硫酸调 pH≤1 保存，或者不加保存剂，0～5℃下冷藏保存。①（　　）

答案：错误

正确答案为：采集地表水总磷时，现场采集 1 000 ml 水样置于硬质玻璃瓶中，于 24 h 内分析完毕。

8. 地表水采集氰化物时，现场采集 250 ml 水样置于聚乙烯瓶中，于 0～5℃以下冷藏运输，应尽快分析。①（　　）

答案：正确

9. 采集地表水水样挥发酚时，如果监测断面水样清澈，现场可不进行自然沉降 30 min，直接进行水样分装。水样返回实验室后，不可再次沉降，且测定前必须摇匀。①（　　）

答案：正确

10. 采集湖库样品，测定化学需氧量、高锰酸盐指数、总氮和总磷时，水样静置 30 min 后，用虹吸方式移取水样，吸管进水尖嘴应插至水样表层 50 mm 以下位置。①（　　）

答案：正确

11. 如果多项指标合瓶采集，则水样的体积应考虑重复分析和质量控制的需要，并留有余地。①（　　）

答案：正确

12. 对于自然沉降 30 min 后，仍然存在大量沉降性固体的河流水样，可采用过筛和离心的方式去除可沉降性固体，但须同时提供与自然沉降方式的比对数据。①（　　）

答案：正确

13. 执行国家地表水监测网任务时，使用船只采样，且在船上不具备沉降条件时，可在返回岸上后立即进行现场沉降。①（　　）

答案：正确

14. 执行国家地表水监测网任务时，由于客观原因，无法在现场自然沉降到 30 min 的，立即停止采样。①（　　）

答案：错误

正确答案为：执行国家地表水监测网任务时，由于客观原因，无法在现场自然沉降到 30 min 的，需拍照记录现场情况，并在采样记录表中写明原因。

15. 采样前先用水样荡涤采样容器和盛样容器 2～3 次。采样时不可搅动水底部的沉积物，不能混入漂浮于水面上的物质。水样采集后自然沉淀 30 min，取上层非沉降部分。①（　　）

答案：正确

三、选择题

1. 采集地表水水样时，盛装______项目的采样瓶不可在现场用水样荡涤 2～3 次。①（　　）

   A. 挥发酚　B. 石油类　C. 总磷

答案：B

2. 采集地表水水样，以下______项目，采集后需在 24 h 之内分析完毕。①（　　）

   A. 总氮　B. 高锰酸盐指数　C. 总磷

答案：C

3. 采集地表水水样时，测定以下______项目的样品加入的固定剂与其他两项不同。①（　　）

   A. 挥发酚　B. 总氮　C. 氨氮

答案：A

4. 地表水挥发酚样品采集后，加入的固定剂有______。①（　　）

   A. 磷酸、硫酸铜　B. 硝酸、硫酸铜　C. 磷酸、氯化铜

答案：A

5. 地表水采集时，______在采集后可不加固定剂，0～5℃下冷藏，尽快送回实验室分析。①（　　）

   A. 挥发酚　B. 总磷　C. 总氮

答案：B

6. 采集地表水挥发酚时，若将样品滴于淀粉-碘化钾试纸上若出现蓝色，说明存在游离氯等氧化剂，可加入过量的______去除氧化剂。①（　　）

A. 酸性高锰酸钾　B. 硫酸亚铁　C. 硫代硫酸钠

答案：B

7. 采集地表水挥发酚样品后，用______调 pH 约为 4，并加适量的硫酸铜，使样品中的硫酸铜质量浓度约为 1 g/L。①（　　）

   A. 浓硝酸　B. 浓磷酸　C. 浓盐酸

答案：B

8. 采集地表水挥发酚添加固定剂时，注意固定剂浓磷酸对其他分析项目的沾污，尤其是______。①（　　）

A. 总氮　　B. 总磷　　C. 氟化物

答案：B

9. 对于自然沉降 30 min 后，仍然存在大量沉降性固体的河流：可将采样器中每次采集的水样，全部通过______μm 的过滤筛，再进行后续处理。①（　　）

A. 63　　B. 0.45　　C. 0.22

答案：A

10. 对于自然沉降 30 min 后，仍然存在大量沉降性固体的河流，静置、过粗筛后进行______的方式去除可沉降性固体。①（　　）

A. 絮凝沉降　　B. 离心　　C. 化学沉降

答案：B

11. 地表水样品采集后，______加入的固定剂不同。①（　　）

A. 高锰酸盐指数　　B. 石油类　　C. 总氮

答案：B

12. 经 160℃干热灭菌 2 h 的微生物、生物采样容器，必须在______使用，否则应重新灭菌。①（　　）

A. 当天　　B. 两周内　　C. 一周内

答案：B

13. 经 121℃高压蒸气灭菌 15 min 的采样容器，如不立即使用，应于 60℃将瓶内冷凝水烘干，______使用。①（　　）

A. 当天　　B. 两周内　　C. 一周内

答案：B

14. 细菌监测项目采样时不能用水样冲洗采样容器，不能采混合水样，应单独采样后______内送实验室分析。①（　　）

A. 当天　　B. 2 h　　C. 4 h

答案：B

四、问答题

1. 简述采集地表水挥发酚样品时的注意事项。①

答案：采样前先用水样荡涤采样容器和盛样容器 2～3 次。采样时不可搅动水底部的沉积物，不能混入漂浮于水面上的物质。水样采集后自然沉淀 30 min，取上层非沉降部分。现场采集 1 000 ml 水样置于硬质玻璃瓶中，用磷酸调 pH 约为 4，并加适量的硫酸铜，使样品中的硫酸铜质量浓度约为 1 g/L。注意浓磷酸对其他分析项目的沾污，尤其是总磷。将样品滴于淀粉-碘化钾试纸上若出现蓝色，说明存在游离氯等氧化剂，可加入过量的硫酸亚铁去除氧化剂。

2. 简述地表水氟化物水样采集后保存方式及保存期。①

答案：采样前先用水样荡涤采样容器和盛样容器 2～3 次。采样时不可搅动水底部的沉积物，不能混入漂浮于水面上的物质。水样采集后自然沉淀 30 min，取上层非沉降部分。现场采集 250 ml 水样置于聚乙烯瓶中，应尽快分析。若不能及时测定，应经抽气过滤装置过滤，于 4℃以下冷藏，避光保存，可保存 14 d。

3. 简述地表水总磷采样容器、保存剂及用量、保存期、采样量及注意事项。①

答案：采样前先用水样荡涤采样容器和盛样容器 2～3 次。采样时不可搅动水底部的沉积物，不能混入漂浮于水面上的物质。水样采集后自然沉淀 30 min，取上层非沉降部分，用虹吸方式移取水样，吸管进水尖嘴应插至水样表层 50 mm 以下位置。现场采集 1 000 ml 水样置于硬质玻璃瓶中，用硫酸调 pH≤1，或者不加保存剂，0～5℃下冷藏。总磷必须于 24 h 内分析完毕。注意切勿沾染其他项目所需的固定剂磷酸。

4. 简述地表水总氮采样容器、保存剂及用量、保存期、采样量。①

答案：采样前先用水样荡涤采样容器和盛样容器 2～3 次。采样时不可搅动水底部的沉积物，不能混入漂浮于水面上的物质。水样采集后自然沉淀 30 min，取上层非沉降部分，用虹吸方式移取水样，吸管进水尖嘴应插至水样表层 50 mm 以下位置现场采集 1 000 ml 水样置于硬质玻璃瓶或聚乙烯瓶中，用硫酸使得 pH≤2，于 48 h 内分析完毕。

5. 简述对于自然沉降 30 min 后，仍然存在大量沉降性固体的河流的处理方式。①

答案：对于自然沉降 30 min 后，仍然存在大量沉降性固体的河流：一是可以依据《多泥沙河流水环境样品采集及预处理技术规程》（SL 270）规定，将采样器中每次采集的水样，全部通过 63 μm 的过滤筛，倒入一个较大的静置用容器中，储够需用量后，先将静置用容器中的水样搅拌均匀，然后边搅拌边灌装采样瓶。测定金属项目的样品应使用尼龙网过滤筛，测有机物项目的样品应使用不锈钢金属网筛。二是可以试行离心方式去除可沉降性固体，推荐参数 4 000 r/min，离心时间 2 min，若采用以上两种方式，须同时提供与自然沉降方式的比对数据。

6. 简述采样后固定剂使用注意事项。①

答案：（1）保存剂添加过程中，所用器具不可混用，避免交叉污染。

（2）适量添加保存剂，切勿过多，以免影响实验室分析。

7. 简述采集水样后在样品的运输、固定和保存过程中应注意哪些事项。①

答案：因气体交换、化学反应和生物代谢，水样的水质变化很快，因此送往实验室的样品容器要密封、防震、避免日光照射及过热的影响。当样品不能很快地进行分析时，根据监测项目需要加入固定剂或保存剂。短期贮存时，可于2～5℃冷藏，较长时间贮存某些特殊样品，需将其冷冻至-20℃。样品冷冻过程中，部分组分可能浓缩到最后冰冻的样品的中心部分，所以在使用冷冻样品时，要将样品全部融化。也可以采用加化学药品的方法保存。但应注意，所选择的保存方法不能干扰以后的样品分析或影响监测结果。

参考文献

中国环境监测总站. 国家地表水环境质量监测网监测任务作业指导书（试行）. 2017.